科普图书馆

“领先一步学科学”系列

显微镜下的怪物

主　　编　杨广军

副 主 编　朱焯炜　章振华　张兴娟

胡　俊　黄晓春　徐永存

本册主编　林　淋

上海科学普及出版社

图书在版编目（CIP）数据

显微镜下的怪物 / 杨广军主编.—上海：上海科学普及出版社，2013.7(2023.7重印)
(领先一步学科学)
ISBN 978-7-5427-5764-7

Ⅰ.①显… Ⅱ.①杨… Ⅲ.①真菌-青年读物②真菌-少年读物 Ⅳ.①Q949.32-49

中国版本图书馆 CIP 数据核字(2013)第 103611 号

组　　稿　胡名正　徐丽萍
责任编辑　刘湘雯

“领先一步学科学”系列
显微镜下的怪物
主编　杨广军
副主编　朱焯炜　章振华　张兴娟
胡　俊　黄晓春　徐永存
本册主编　林　淋
上海科学普及出版社出版发行
(上海中山北路 832 号　邮政编码 200070)
http://www.pspsh.com

各地新华书店经销　北京一鑫印务有限公司印刷
开本 787×1092　1/16　印张 13　字数 200 000
2013 年 7 月第 1 版　　2023 年 7 月第 3 次印刷

ISBN 978-7-5427-5764-7　　定价：39.00元

卷首语

徐志摩在《再别康桥》中写道，“我挥一挥衣袖，不带走一片云彩”，袖口中的那一抹康桥之气承载的却是满满的真菌；道家的最高境界在于天人合一，那已修炼至“无形无我，何处不在”的真菌算是大道已成了。

也许你会问：什么是真菌？它究竟是什么样子，难道真的跟空气一样无色无味、无影无声？它师承何派，怎会有如此深厚的功力？它是传说中的正义之师，还是魔教中人？

真菌（Fungus）是一种真核生物。最常见的真菌是各种蕈类，另外真菌也包括霉菌和酵母。现在已经发现了 7 万多种真菌，真菌学家戴芳澜教授估计中国大约有 4 万种。

真菌就像是潜伏在我们身边的特种部队，有着强大的生命力，执著地寻找生命中那一片净土。让我们一起，走进真菌的世界，探索这在地球上存在了亿万年的古老生物吧……

目 录

·真菌王国的秘密——真菌的基本知识·

·庞大的真菌世家——真菌家族的成员·

·是敌是友?——真菌的善恶之分·

·人类的好帮手——造福生活的真菌·

真菌王国的秘密

——真菌的基本知识

正所谓“知己知彼，百战不殆”，只有深入敌人的后方，尽可能地探取更多的情报，才能全面了解他们的情况，在这场战役中拥有绝对的主导权。而我们人类只有在了解真菌的基础上，才能使其为我所用，避免真菌对我们造成不必要的伤害。让我们翻开真菌日记，一起探寻真菌的足迹。

真菌的养分来源——营养体

所有的生物都需要养分来维持生命与生长，大多数动物主要通过消化系统来吸收养分，那么结构简单的真菌是靠什么从外界吸收养分的？又是如何吸收养分的？要解决真菌的基本温饱问题，需要什么样的营养成分？下面，让我们一起翻开真菌日记的第一页——营养体。

◆翻开真菌日记

营养体

营养体是真菌营养生长阶段的结构。大多数真菌的营养体是多细胞结构的丝状体。除了丝状体外，还有一些我们在前面提到过的单细胞类型，如酵母等，它们只是营养体属于单细胞类型，在生理等方面与丝状真菌没什么区别。

◆大型真菌的营养体也是丝状体

丝状真菌的营养体

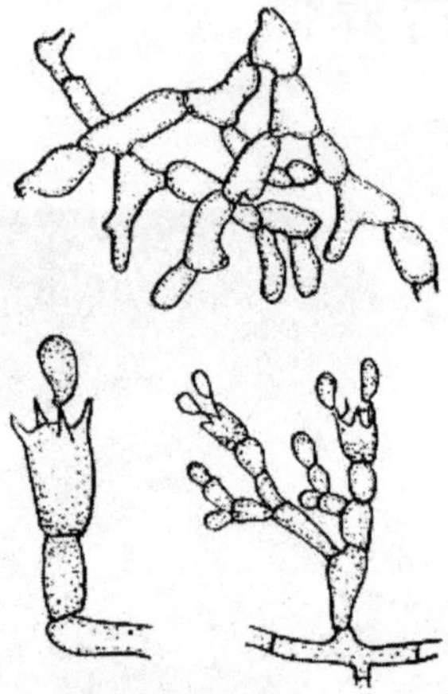

◆菌丝体

真菌是典型的丝状体，单根的丝状物称为菌丝。菌丝仅能从顶端生长，分支后形成网状菌，大型真菌的营养体也是丝状体，称为菌丝体。在显微镜下观察菌丝，可以看到菌丝呈管状，具有细胞壁和细胞质，为有色或无色。

菌丝可以无限生长，但它的直径是有限的，一般为2～30微米，最大可达100微米。低等真菌的菌丝没有隔膜，称为无隔菌丝；高等真菌的菌丝一般有许多隔膜，称为有隔菌丝。

当菌丝体与宿主接触后，营养物质因渗透压的发生变化而进入菌丝体内。部分真菌如活体营养生物侵入宿主后，菌丝体在宿主细胞内形成称为吸器的具有吸收养分功能的特殊机构。吸器的形状不一，因种类的不同而异，如锈菌的吸器为指状，白锈菌的为小球状，白粉菌的为掌状。

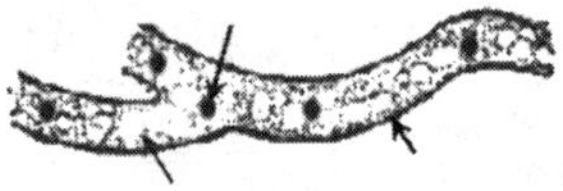

无隔菌丝生长时只有细胞核的分裂和菌丝的伸长，没有细胞数目的增加

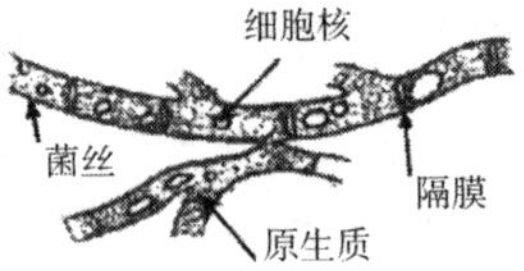

有隔菌丝生长时，细胞核的分裂伴随着细胞数目的增加

◆左图为无隔菌丝示意图，右图为有隔菌丝示意图

单细胞营养体

不是所有的单细胞真菌的营养体都属于单细胞类型，如壶菌目的许多种虽是单细胞，但是它们通常产生菌丝状的假根或是侧根，并非典型的单细胞结构。单细胞真菌的典型代表是酵母菌。它们不产生菌丝，而是直接

通过细胞吸收养分。

营养物质

为了生存，真菌必须从环境吸收营养物质，通过自身的新陈代谢将这些物质转化成自身新的营养物质或代谢物，并在这个过程中获取生命活动所必需的能量，同时将代谢产生的废物排出体外。这些能够满足真菌机体生长、繁殖和完成各种生理活动所需的物质称为营养物质。

◆生长期需要吸收营养物质

真菌的营养方式可分为腐生性和寄生性两大类，这两种类型的真菌对营养物质的要求有差异。在自然界真菌一般生活在动、植物产生的基物上，而这些基物是一些组成复杂的物质，所以在自然条件下无法进行真菌的营养研究，必须使真菌在实验条件下进行正常的生长发育。大多数实验室用的是简单的植物提取液，如马铃薯抽提液或麦芽汁与琼脂一起制作培养基，并加入适当的碳源和能源。另外，真菌还需要一定的矿物营养，如无机的氮、磷、钾、硫、镁、铁以及痕量元素等。

知识窗

痕量元素

地壳中O、H、Si、Al、Fe、Ca、Mg、Na、K、Ti这十种元素的总重量丰度共占地壳总重量丰度的99%左右。人们常把上述10种元素以外的其他元素统称微量元素，或痕量元素、杂质元素、副元素、稀有元素、次要元素等。

广角镜——琼脂的餐桌之旅

◆琼脂

琼脂因其具有凝固性、稳定性，能与一些物质形成络合物等物理化学性质而作为培养基的配料并广泛用于实验室中。其实，在我们的日常生活中，琼脂可以说是随处可见的，它最初便是用于食用的。

南洋的居民自古就以麒麟菜煮成冻胶食用，以马来语称此凝冻为agar—agar或agar，其后就成为琼脂的世界通用语。琼脂亦称琼胶，在市场上也称为“冻粉”、“凉粉”等。纪明侯、曾呈奎等（1952年）建议用“琼胶”代表agar，来纪念我国最早是以海南岛的麒麟菜水煮冻胶食用。“琼胶”这个名称已于1977年为我国药典所采用。

◆用琼脂制作出来的美食

琼脂在食品工业的应用中具有其独特的性质，其特点在于具有凝固性、稳定性，能与一些物质形成络合物等物理化学性质，可用作增稠剂、凝固剂、悬浮剂、乳化剂、保鲜剂和稳定剂。现广泛用于制造粒粒橙及各种饮料、果冻、冰淇淋、糕点、软糖、罐头、肉制品、八宝粥、银耳燕窝、羹类食品、凉拌食品等等。

琼脂不仅有用，而且还具有一定的食疗功效。琼脂能在肠道中吸收水分，使肠内容物膨胀，增加大便量，刺激肠壁，引起便意。所以经常便秘的人可以适当食用一些琼脂食品。琼脂富含矿物质和多种维生素，其中的褐藻酸盐类物质有降压作用，淀粉类硫酸脂有降脂功能，对高血压、高脂血有一定的防治作用。还可清肺化痰、清热祛湿、滋阴降火、凉血止血。

真菌的繁殖体——孢子

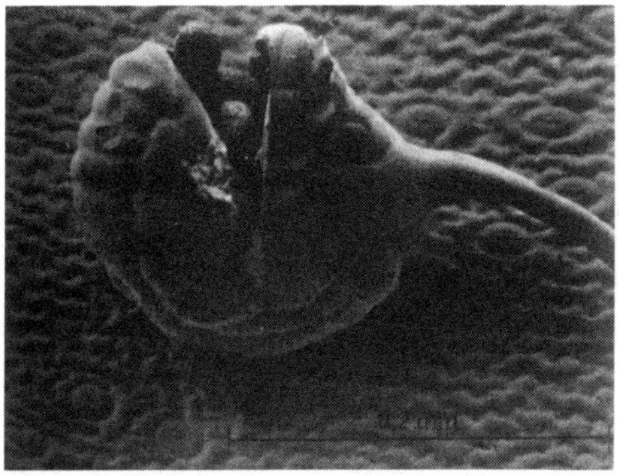
◆电镜下的孢子囊

真菌的繁殖不仅导致新个体的形成，还可以形成能抵御不良环境和利于传播的结构——孢子。那么，这孢子究竟是什么结构？为什么真菌是以孢子的形式存在空气中？孢子又有何功用？真菌日记之孢子。

孢子

孢子是生物产生的具有繁殖或休眠作用的细胞，在正常情况下不需要通过两两结合就可以发育成个体。孢子是单细胞，一般比较微小。孢子对环境有极强的耐受性，可以通过休眠来躲避恶劣的环境，在适宜的环境中则会被重新激活，进而生长。孢子就像是需要风作为媒介的花粉，飘散在空中，寻找适宜生长的环境。

◆灵芝的孢子

在真菌这个大家庭中，有些成员进行有性繁殖，有些则进行无性繁殖，更有甚者是两者兼具。无论是有性繁殖还是无性繁殖，都存在有或是没有专门的繁殖细胞两种情况。而孢子，就是真菌进行繁殖的繁殖体。

什么是有性繁殖？它与无性繁殖有何不同？

真菌的孢子可根据其繁殖类型划分为有性孢子和无性孢子。

有性孢子

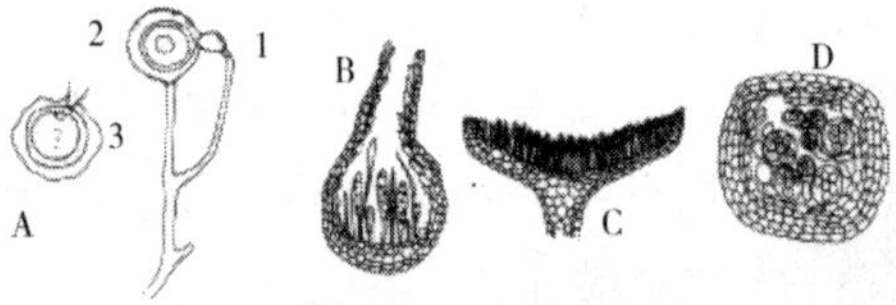

◆霉菌的有性孢子：

A. 一种霉菌的卵孢子：1. 雄器，2. 藏卵器，3. 卵孢子；B. 子囊壳；C. 子囊盘；D. 闭囊壳

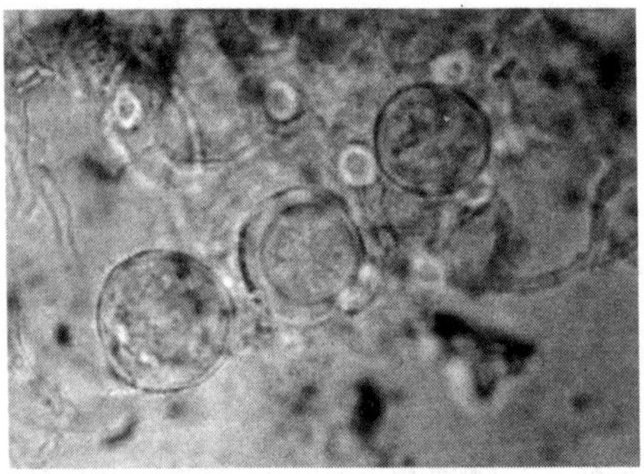

◆卵孢子

生物通过有性繁殖产生的孢子称为有性孢子。真菌的有性繁殖可形成以下 4 种孢子：卵孢子、接合孢子、子囊孢子及担孢子。

卵孢子。卵孢子是由两个异型配子囊集合后发育而成的。其中，小型的配子囊称为雄器，大型的称为藏卵器。当两个异型配子囊配合时，雄器的内容物通过授精管进入卵球配合后，卵球发育成孢子。

接合孢子。接合孢子是由菌丝上生出的形态相同或是略不相同的两个配子囊接合而成。两个配子囊接触发生作用后，两配子的内容物相互配合，形成双倍体的接合孢子。

子囊孢子。子囊孢子通常是由两个异型配子囊——雄器和产囊体相结合，经核、质的融合后经减数分裂形成单倍体孢子。每个子囊中一般形成 8 个子囊孢子。

担子孢子。担子孢子的两性器官多退化，以菌丝结合的方式形成双核菌丝，后双核菌丝的顶端细胞膨大成棒状的担子。担子内的双核经过核配和减数分裂，最终产生 4 个外生的单倍体的担孢子。

从上述的介绍中我们可以看出，可将以上的孢子分为两类：一类是两性结合后随即产生细胞核为双倍的厚壁休眠孢子，如卵孢子和接合孢子；另一类是两性结合后产生细胞核为单倍体的非休眠孢子，如子囊孢子和担孢子。

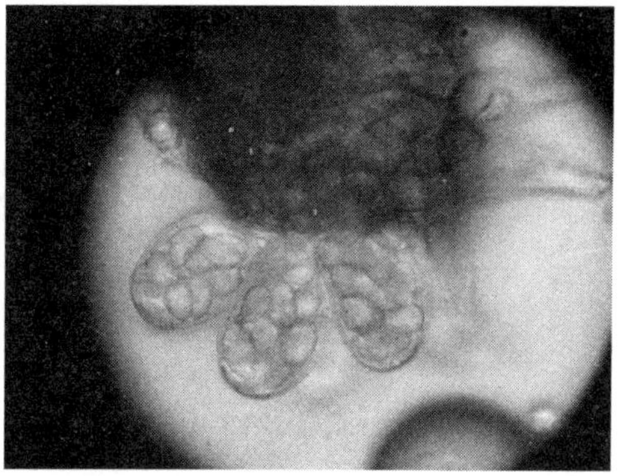

◆子囊孢子

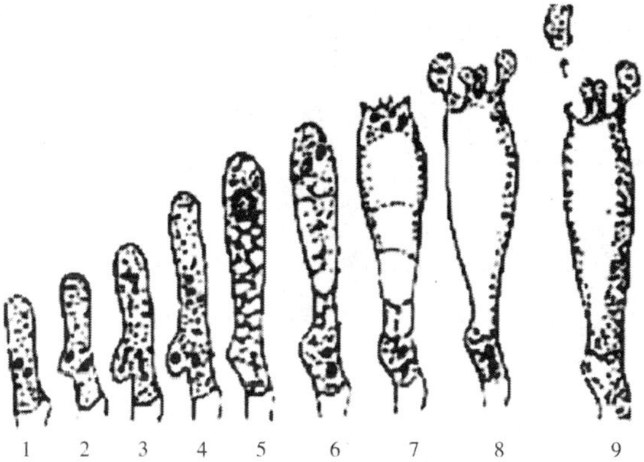

◆担孢子形成过程示意图（由左至右）

1～4 图为双核细胞；5 图为融合合子；6～7 图为核分裂；8 图为担孢子形成；9 图为担孢子成熟释放

无性孢子

生物通过无性繁殖产生的孢子称为无性孢子。真菌的无性繁殖可形成以下 3 种孢子：游动孢子、孢囊孢子及分生孢子。

游动孢子。产生游动孢子的真菌多为水生真菌。游动孢子囊由孢囊梗顶端或菌丝膨大形成。游动孢子无细胞壁，具有鞭毛，释放后能在水中游动。

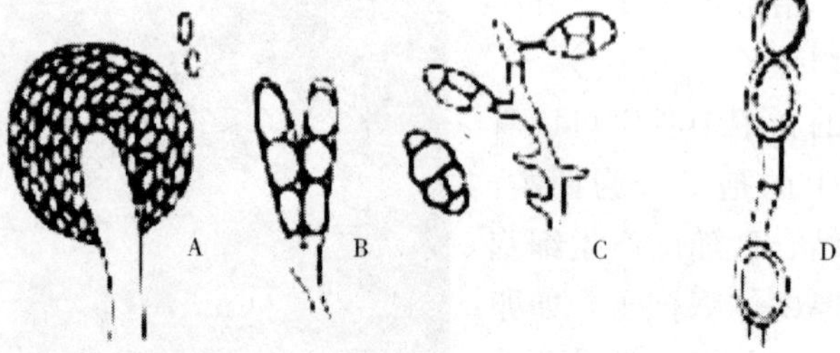

◆霉菌的无性孢子：
A. 孢囊孢子　B. 分生孢子　C. 厚垣孢子　D. 白地霉的节孢子

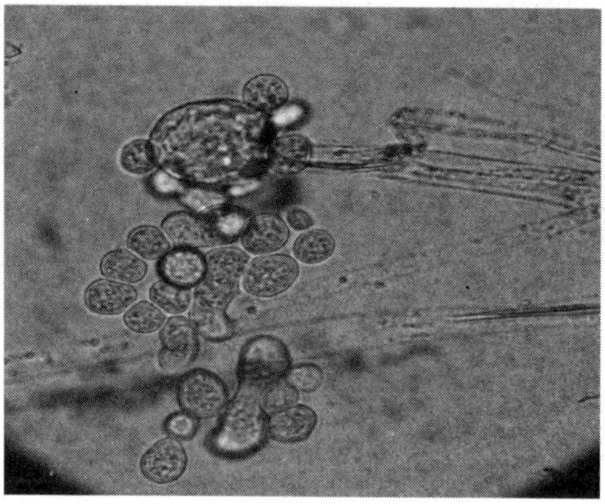

◆孢囊孢子

孢囊孢子。孢囊孢子产生在孢子囊内，由孢囊梗的顶端膨大而成。孢囊孢子无鞭毛，不能游动，又称静止孢子。

分生孢子。分生孢子是真菌中最常见的无性孢子，它们的发育主要有芽殖型和菌丝型两种类型。芽殖型的发育类型是菌丝或是分生孢子梗以吹气球的方式从吹出点长大；菌丝型的发育类型是在原来菌丝的顶端形成隔膜后断裂形成。

传宗接代的机制
——真菌的繁殖

繁殖保持了种族的延续。根据是否经过两性细胞的配合而产生新个体，我们将繁殖方式划分为有性繁殖和无性繁殖。真菌向我们展示了不同的繁殖机制——不同的种类可分别产生不同的有性孢子或无性孢子，或者兼而有之。

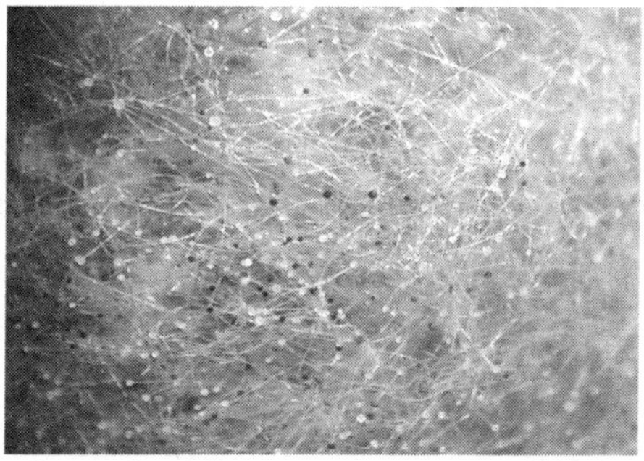
◆真菌的繁殖

有性繁殖

真菌的有性繁殖是指需要经过两个性细胞结合后，细胞核发生减数分裂形成孢子的繁殖方式。整个有性繁殖的过程可分为质配、核配和减数分裂三个阶段。第一阶段是质配，即两个性细胞的细胞质融合在一起，最终形成一个具有两个细胞核的细胞。第二阶段是核配，就是指具有双核的细胞发生细胞核的融合。第三阶段是减数分裂，加倍过的细胞经过两次连续的分裂，形成四个细胞，回到原来的不加倍的状态。

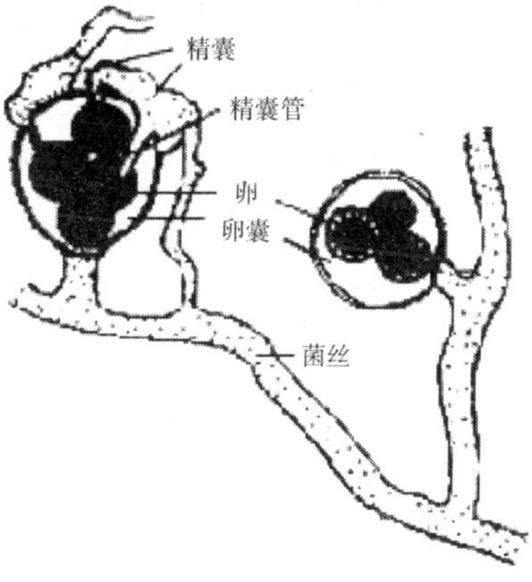

◆水霉的有性繁殖

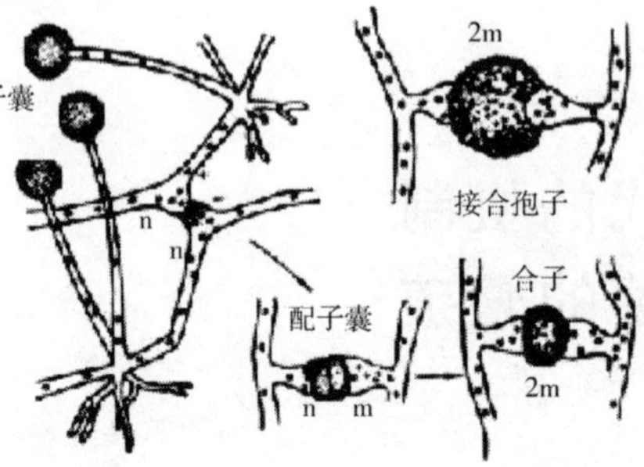

◆黑根霉的有性繁殖

真菌的性细胞又是如何结合的呢？常见的结合方式有游动配子配合、配子囊接触交配、配子囊交配等。

游动配子配合是指两个裸露的配子结合，其中一个或两个配子是能动的，这种情况多发生在低等的水生真菌中。在配子囊接触交配这一机制中，两性配子都仅仅只有核的结构。它是送货上门机制，通过配子囊的接触使两性繁殖细胞接触完成有性繁殖过程。配子囊交配则是以相互接触的配子囊的全部内容物为特征的。

点击——减数分裂

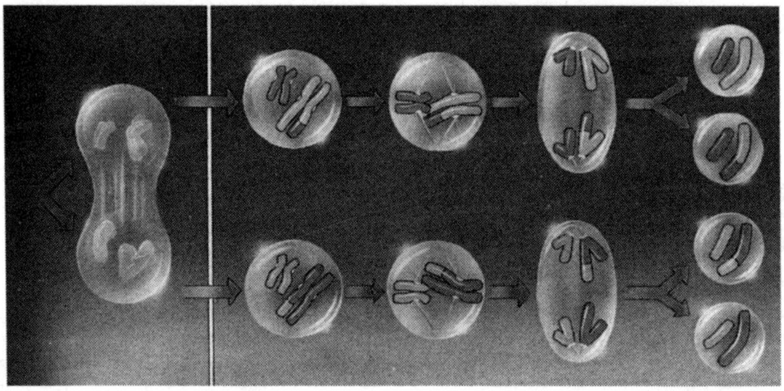
◆减数分裂示意图

减数分裂是指有性繁殖的个体在形成繁殖细胞过程中发生的一种特殊分裂方式，是在产生成熟繁殖细胞时进行的染色体数目减半的细胞分裂。在减数分裂过程中，染色体只复制一次，而细胞分裂两次。减数分裂的结果是，成熟繁殖细胞中的染色体数目比原始繁殖细胞的数目减少一半。

减数分裂可以分为两个阶段，其中第一阶段称为减数第一次分裂，第二阶段称为减数第二次分裂（MEIOSISII）。

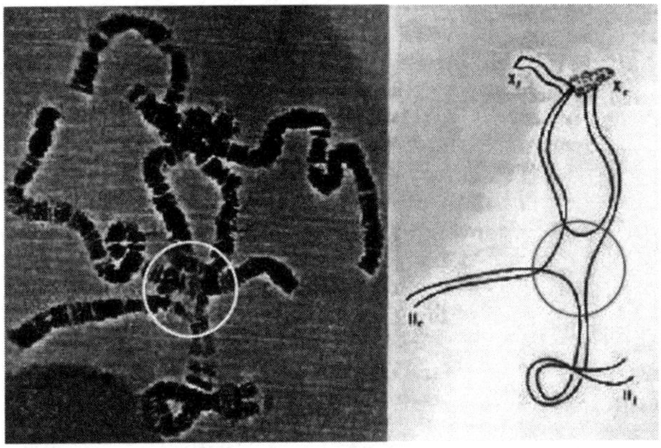

◆染色体联会

1. 在减数分裂开始之前，细胞需经历一段时间的“休息”或是“备战”，称为细胞间期。在细胞间期，主要进行 DNA 的复制，使其数目变为一般细胞的两倍。

2. 减数第一次分裂的前期，同源染色体发生联会，形成四分体。

3. 减数第一次分裂中期，同源染色体着丝点对称排列在赤道板上。

4. 减数第一次分裂后期，同源染色体分离，非同源染色体自由组合，移向细胞两极。

5. 减数第一次分裂末期，细胞一分为二，形成次级精母细胞或形成极体和次级卵母细胞。

6. 减数第二次分裂前期，次级精母细胞或极体和次级卵母细胞中原来分散的染色体进行着两两配对。

7. 减数第二次分裂中期，染色体着丝点排在赤道板上。

8. 减数第二次分裂后期，染色体着丝点分离，染色体移向两极。

9. 减数第二次分裂末期，细胞一分为二。减数分裂的最终结果是：精原细胞形成精细胞，卵原细胞形成卵细胞和极体。

无性繁殖

真菌的无性繁殖是指不需要经过两性细胞的结合便能产生新的个体。在真菌中最简单的无性繁殖方式是裂殖，即通过细胞分裂产生子代。这种繁殖方式多发生在单细胞的类型中。其他常见的繁殖方法有：菌丝的断裂与无性孢子的产生，如游动孢子、孢囊孢子、分生孢子、厚垣孢子等。

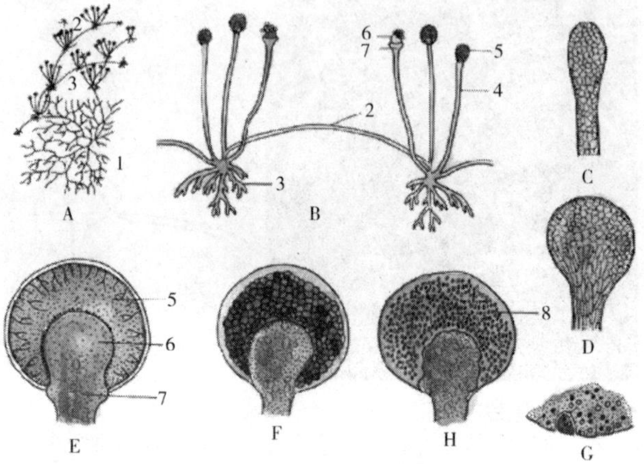

A. 生长示意图；B. 匍匐菌丝上长孢囊梗；C～E. 孢囊梗顶端膨大成孢子囊；F～H. 孢囊孢子的形成（每块原生质体 2～10 个核）

1. 营养菌丝；2. 匍匐菌丝；3. 假根；4. 孢囊梗；5. 孢子囊；6. 囊轴；7. 囊托；8. 孢囊孢子

◆根霉的无性繁殖

环境条件

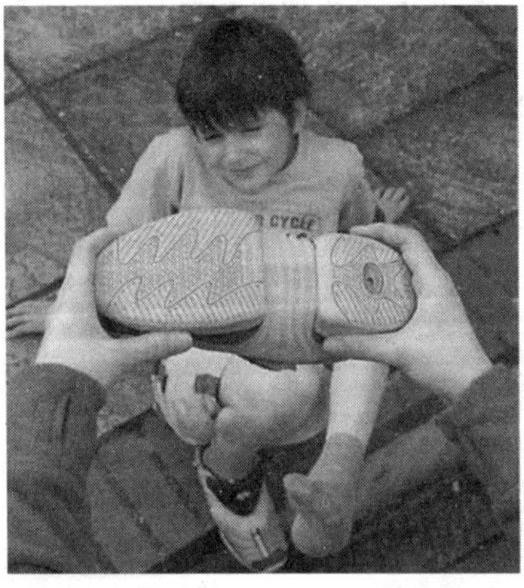

◆环境条件

真菌的繁殖是由环境条件决定的。真菌一般需要经过一定时期的营养生长才能形成繁殖器官和孢子，因此，影响真菌生长的因子对真菌的繁殖有一定的影响。真菌在进行繁殖的过程中，对营养条件与物理因子的要求较其生长阶段的要求更为严格。

在 1996 年，霍克（Hawker）根据环境对繁殖的影响提出了五点规则：①菌丝生长的最适环境条件对其无性繁殖可能是最适宜的，但对其有性繁殖一般不适合；②任何特殊的允许形成孢子的条件范围都比允许菌丝生长的范围窄；③孢子的形成，特别是有性繁殖，在营养要求方面比菌丝生长的要求严格；④利于启动繁殖的条件对于随后的繁殖体的发育和成熟，并非同样有利；⑤因为营养生长、无性繁殖和有性繁殖所需条件不同，因而从理论上讲，通过适当的调整环境条件来控制生长是可能的。

下面我们再介绍一下影响真菌繁殖的环境条件。其中，受影响的主要营养条件有培养基浓度、碳素营养、氮素营养、矿物质和维生素。而受影响的主要物理因素主要包括温度、湿度、光照、空气和 pH 值等。

视野——酵母菌的繁殖

酵母菌有多种繁殖方式，有人把只进行无性繁殖的酵母菌称作"假酵母"，而把具有有性繁殖能力的酵母菌称作"真酵母"。酵母菌在环境条件好的情况下进行无性繁殖，在环境条件恶劣的情况下则进行有性繁殖。

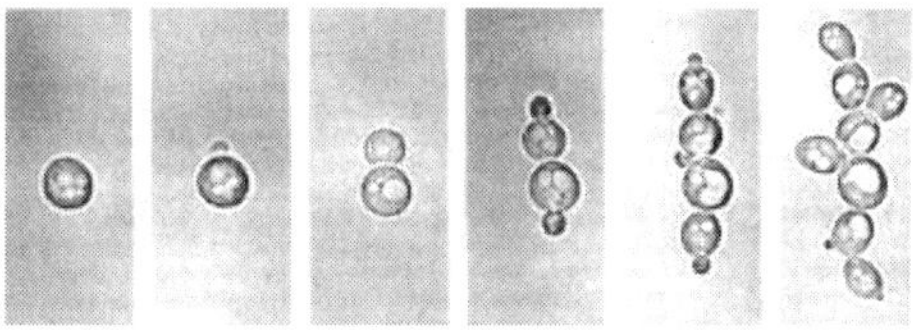

◆酵母菌的芽殖

酵母菌的无性繁殖

芽殖：酵母菌最常见的无性繁殖方式是芽殖。芽殖发生在细胞壁的预定点上，此点被称为芽痕，每个酵母细胞有一至多个芽痕。成熟的酵母细胞长出芽体，母细胞的细胞核分裂成两个子核，一个随母细胞的细胞质进入芽体内，当芽体接近母细胞大小时，自母细胞脱落成为新个体，如此继续出芽。如果酵母菌生长旺盛，在芽体尚未自母细胞脱落前，即可在芽体上又长出新的芽体，最

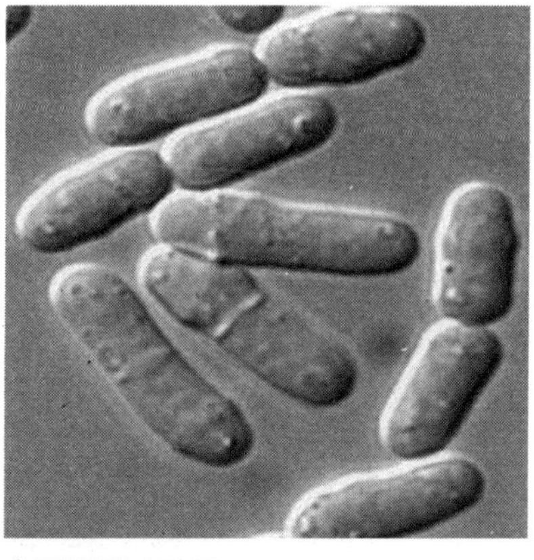

◆粟酒裂殖酵母

后形成假菌丝状。

裂殖：是少数酵母菌进行的无性繁殖方式，类似于细菌的裂殖。其过程是细胞延长，核分裂为二，细胞中央出现隔膜，将细胞横分为两个具有单核的子细胞。

酵母菌的有性繁殖

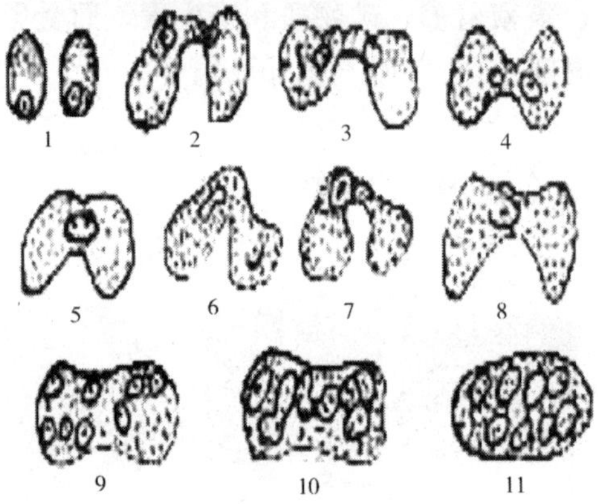

1～4. 两个细胞结合；5. 核合子；6～9. 核分裂；10～11. 形成子囊孢子

◆酵母菌子囊孢子形成示意图

酵母菌是以形成子囊和子囊孢子的方式进行有性繁殖的。两个临近的酵母细胞各自伸出一根管状的原生质突起，随即相互接触、融合，并形成一个通道，两个细胞核在此通道内结合，形成双倍体细胞核，然后进行减数分裂，形成 4 个或 8 个细胞核。每一子核与其周围的原生质形成孢子，即为子囊孢子，形成子囊孢子的细胞称为子囊。

我怎样离开母体
——孢子的释放

真菌的孢子处于生长繁殖的一个终点，同时也是另一轮循环的起点。新生儿总是对生活充满了好奇，那真菌是如何脱离母体，开始它的巡游之旅呢？让我们一起掀开真菌生活史的首页，来了解真菌孢子是如何释放，又是怎样轻轻地进入我们的世界。

◆出游

当真菌孢子从亲本产生后，必须被释放以便到达一个新的地方。真菌孢子的释放可以分为主动释放与被动释放两种。主动释放是指真菌孢子的释放是由其内在的压力推动释放，而被动释放则是由于环境因素的释放。

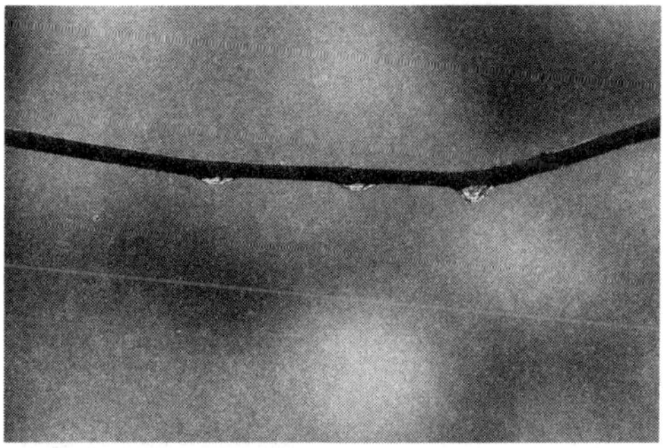

◆被动释放——雨滴

被动释放

一些产生分生孢子的真菌类型，其孢子都裸露在空气当中，这类孢子大部分经由空气的流动而将它从母体吹开，使孢子得以释放。

如果下落的雨滴得以落在真菌上，在溅落的过程中可以将孢子“逐出”家门，并携带它们脱离母体。另一类型的真菌，在雨滴落下的时候对母体造成一定的压力，从而迫使孢子被喷出释放。

知识库——雨滴与真菌的被动释放

一般雨滴的直径为 4 毫米，下落的末速度可达到 6 米/秒，当雨滴入漏斗状担子果内时，将产生一个与水平线呈 60°～70°角的侧向压力，以雨滴向上的冲力逐出孢子团并向上弹出约 1 米远，在飞行的过程中，绳状体跟着小包一起飞行，直到粘附在某一物体上，小包突然改变它的飞行方向，被猛地向后一拉，依此缠绕在维系物上，完成孢子的释放。

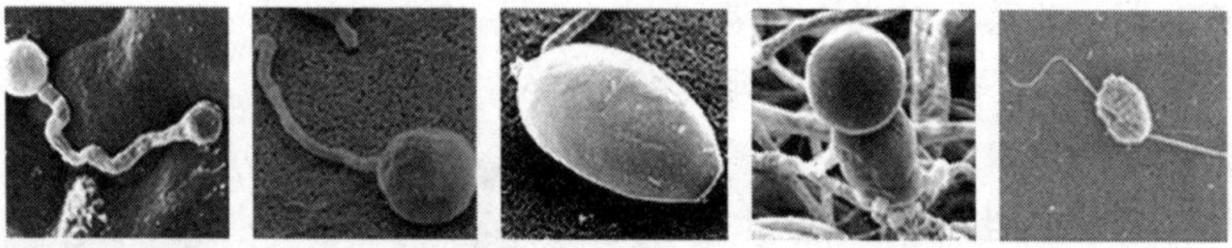

◆各类孢子

主动释放

◆水玉霉

许多的真菌都具有某些特殊的发射机制，从而自主地将孢子释放出去。下面我们主要介绍爆发机制、担孢子的强制释放机制及外翻机制 3 种主动释放方式。

爆发机制。在主动释放的爆发机制中，最典型的代表是水玉霉。水玉霉的产孢系统是在孢子囊的下方有一个膨大的孢囊下泡，孢囊下泡被一个大的液泡充满。当孢子囊成熟时，孢囊下泡极端膨大，内部压力可达 5.6×10^5 帕，当孢子囊断裂的瞬间，孢囊下泡的压力突然下降，其中的液泡破裂，液泡中的液体就像一支水枪一样将孢子囊向上射去，速度可达到 14 米/秒，若是横向释放，释放距离可达 2 米。

担孢子的强制释放机制。强迫式释放担孢子的担子上具有完全分化的担孢子小梗，在担孢子小梗相连的部位即脐，以45°角承担着担孢子。孢子吸收空气中的水分，当吸收的水滴达到一定大小时，孢子突然间被剧烈地弹出，可被弹出1～1.5毫米。这一距离虽然短，但是相较于真菌体来说足够用于离开母体。

1. 分生孢子梗　2. 梗基　3. 小梗　4. 分生孢子

◆青霉属形态

外翻机制。弹球菌属的这类真菌，它们通常有1～2毫米的直径。在成熟期，菌体外被顶端分裂而呈星状，并向后折叠使得产孢体暴露，产孢体以类似弹射的机制被突然弹出，它是目前已知的最大的真菌弹射体。

点击——灵芝孢子的释放

灵芝孢子是灵芝在发育后期释放的种子，是灵芝的精华，灵芝孢子粉在自然条件下非常难收集，1吨灵芝大约能收集1千克孢子，极其稀少珍贵。

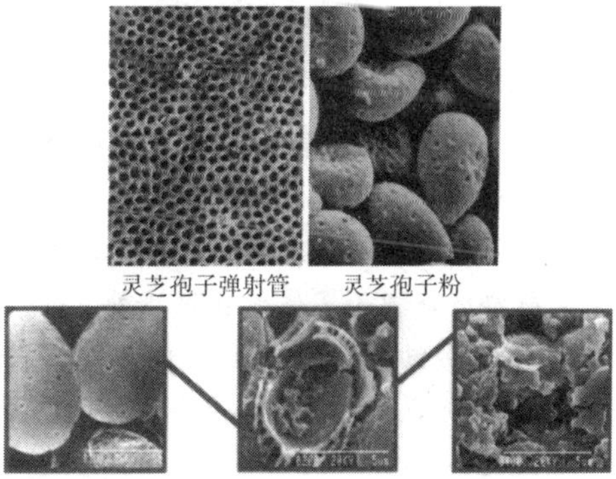
灵芝孢子弹射管　灵芝孢子粉

灵芝孢子形态　破壁期间的灵芝孢子　全破壁灵芝孢子

◆灵芝孢子

灵芝孢子粉堆积密度为0.22～0.25克/厘米^3，每克含有$0.97\times10^{10}\sim1.15\times10^{10}$个孢子，其水分含量为8.39%～8.92%。在光学显微镜下，灵芝、紫芝的担孢子均呈卵圆形，孢壁双层，有明显小棘；前者顶端平截或钝圆锥形，后者顶端脐突状。在扫描电镜下，可见灵芝担孢子大小为（5.26～6.05）微米×（7.89～8.68）微米，表面分布着一些或明或暗的微小的凹陷或坑穴；而紫芝担孢子大小

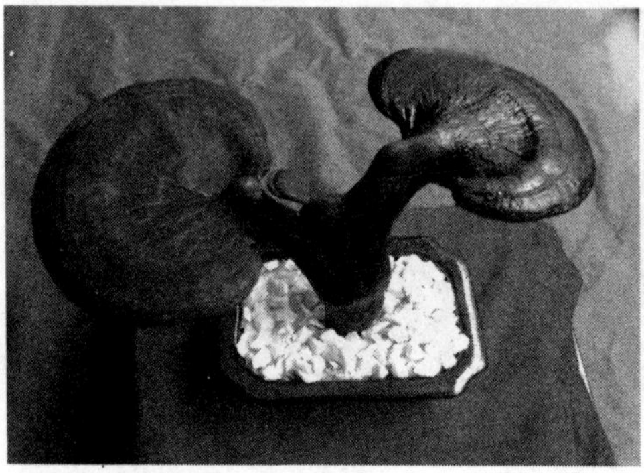
◆盆景灵芝

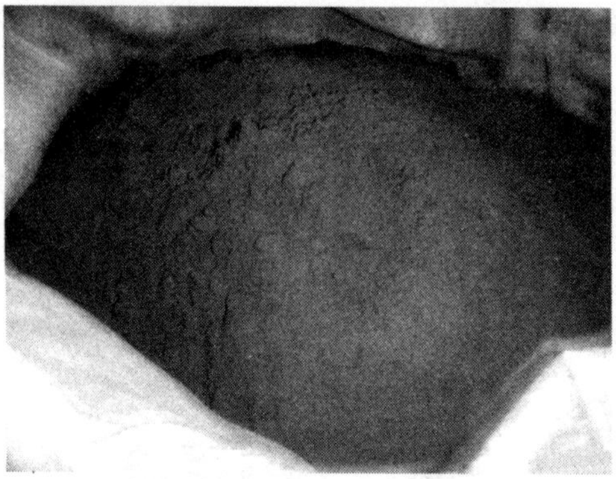
◆灵芝孢子粉

为（6.84～7.37）微米×(10.26～11.05）微米，表面有纵向分布的或长或短的沟、嵴和数条环状波纹；这两种担孢子近基部处均有一疣状突起物。

当灵芝子实体菌盖白色边缘开始转变为棕褐色、白色生长圈消失时，子实体进入成熟初期，菌管发育成熟，管孔呈开张状态。成熟的灵芝孢子，陆续由菌管释放出来，孢子释放期维持30～40天，前后各5天，释放量很少，中间20天释放量较多，一般占总释放量的80%左右。据统计，菌盖厚度在0.8～1.4厘米范围的子实体，可连续收粉35～45天。菌盖厚度小于0.5厘米的子实体，仅收粉20天。厚度为1厘米的子实，单株平均每天可收粉0.8克，最多时可达1.4克，可连续收集39天。灵芝孢子的释放期，其释放量与温度密切相关，如果温度骤然下降或温度不够，子实体过早纤维化，释放期就会缩短，孢子粉产量也会下降。研究发现，灵芝孢子粉昼夜释放量与光照强度呈正相关。另有文献描述，把子实体放在黑暗处，子实体就不再产生孢子，经黑暗处理后，再给予5～6小时光照，产孢子的能力可以恢复。

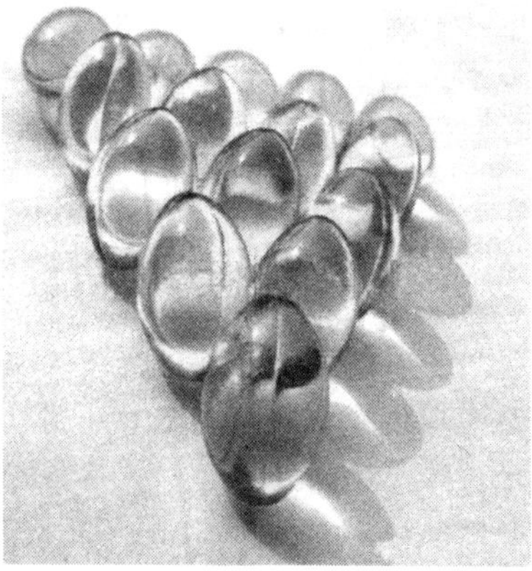
◆灵芝孢子油

灵芝孢子粉的主要抗癌成分为灵芝三萜、灵芝多糖、有机锗、有机硒、腺苷、多肽等。灵芝孢子有一层极难被人体胃酸消化的几丁质构成的外壁，不破壁的孢子粉人体无法消化吸收，只有打开这层外壁，由外壁紧裹的有效成分才能最大程度地被人体吸收利用。人体对破壁后的灵芝孢子粉的吸收率可提高45倍之多。破壁孢子粉比不破壁孢子粉具有更强的体外毒杀癌细胞的活性。

目前灵芝孢子破壁的技术有生物酶解法、化学法、物理法等，效果较好的不破坏孢子有效成分的方法是超低温物理破壁技术。

千奇百怪的旅行
——孢子的传播

◆在空中旅行的气泡

孢子离家后一般需要游历一番，方能找到伯乐。能有这样免费的旅行自然是天上掉下的一块大馅饼，唯一的遗憾是，这样的成年之旅却不能由自己的意愿所操控。孢子们高呼：借我一双翅膀，让我自由地翱翔！

孢子依靠空气、水、动植物宿主被动传播，直至进入一个适合的环境，孢子才得以安家落户，然后萌发以维持种的生存。

空气传播

大量的真菌孢子被释放到空气中，然后随着空气的流动而进行传播。据估计，每立方米的空气中的真菌孢子含量可达 20 万个。但是，这个数字并不是固定不变的。空气中的孢子数量随着现有条件的不同而变动，尤其是在雨水清新的空气中真菌孢子的数量更大。

◆空气传播

水传播

◆水传播

低等的真菌大多数都是水生的，这些真菌可以产生游动的孢子，在水中游动。可是这种流动同样是无力和随意的，受外界条件影响较大。还有一类不产生游动孢子的水生真菌，它们通常生长在快速游动、换气良好的小溪底部的植物叶片或者水底的碎片上，它们的孢子随激流运动，其不规则的形态能够使其在基物上停稳或者缠住。

另外，还有一些陆生的真菌，它们在下雨天被释放，随着空气中的水珠到达合适的地方或者到达地面上跟随雨水一起流动。

知识库——孢子的传播与真菌性疾病范围的扩大化

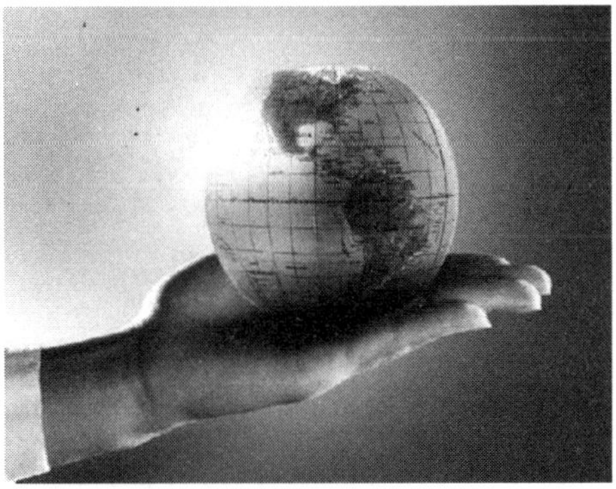
◆真菌性疾病的“全球化”

真菌孢子主要依靠空气与水进行传播，而这两种“全球循环化”的介质也为真菌性疾病的全球化带来了可能。

亚洲大豆锈病，顾名思义，是指在亚洲流行的一类大豆真菌疾病，而现在由于空气等的传播，已经在原先并没有该疾病记载的地区发现其踪迹。据美国优势农业战略有限公司分析师朗·摩尔藤森称，亚洲大豆锈病已经在美国佛罗里达州和佐治亚州的有限地区发现，但是随着热带风暴登陆，锈病的进一步传播可能在所难免。

◆亚洲大豆锈病

大豆锈病真菌给大豆市场带来的第一次完美风暴是在2004年秋季。当时伊万飓风于2004年的9月15日登陆，然后在美国南部地区肆虐，一直持续到9月24日。从历史上看，这次飓风向美国南部内陆地区推进的距离最远。

也正是因为这样，伊万飓风才有机会将锈病孢子从南美吹到了美国大陆南部地区。而且还有人猜测飓风可能还将一些孢子遗留到了古巴。但是需要注意的一点是，美国报告发现锈病孢子是在11月10日，当时路易斯安那州首次公开证实在美国发现了锈病。

这意味着，从飓风携带孢子登陆美国，到美国发现锈病孢子，已经过去了7周的时间，这是因为没有人刻意去寻找孢子登陆的痕迹。路易斯安那州立大学的植物病理学家雷·施奈德博士很偶然地发现了锈病真菌孢子。

动物传播

◆动物传播

各种的动物都是孢子传播的重要媒介。动物可能通过摩擦玩耍而与真菌孢子接触，使得皮肤、爪子、毛皮等带有孢子。另外，有些动物还可能食用带有真菌孢子的植物或者直接食用真菌的孢子果，这些孢子通过动物的消化系统并没有受到伤害，被排出后依然可以进行繁殖。这些传播依赖于动物的行走距离和孢子所处环境下的生长发育能力。下面介绍一些主要的传播方式。

真菌和传播的动物有共同的栖息地。有一类植物韧皮部寄生甲虫，它与韧皮寄生真菌生活在同一个场所，它们共同以吸收植物的营养为食，同时甲虫还以该真菌为食，因而这些真菌的孢子得以附着在甲虫的表面。当甲虫转移到一个新的地方生活时，就完成了一次传播。

◆甲虫

◆鬼笔菌目真菌

气味吸引动物。最典型的例子是鬼笔菌目，它的担孢子产孢体产生臭味并分泌黏液，苍蝇被吸引后经接触而带上孢子。

将孢子弹到可食植物上。有些真菌在弹射孢子时具有向光性并且投射的距离较远，当它们被弹射到可食性植物上时被食草动物食用，进而达到传播的目的。

广角镜——植物种子的传播

大自然真是一本读不完的书。植物与真菌一样，没有手脚与翅膀，其种子却能传播到很远的地方去，这就决定了植物与真菌在“种子”传播上具有一定的相似性。下面，让我们一起来学习植物种子的传播方式。

◆柳絮借风传播

1. 风传播

有些种子会长出形状如翅膀或羽毛状的附属物，乘风飞行。具有羽毛状附属物的种子大多为草本植物，例如菊科的黄鹌菜，木本植物则有柳树及木棉等。另外有些细小的种子，它的表面积与重量的相对比例较大，种子因此能够随风飘散，像兰科的种子。菊科植物蒲公英的瘦果，成熟时冠毛展开，像一把降落伞，随风飘扬，把种子散播远方。

2. 水传播

靠水传播的种子其表面有蜡质不沾水（如睡莲）、果皮含有气室、比重较水的小，可以浮在水面上，经由溪流或是洋流传播。此类种子的种皮常具有丰厚的纤维质，可防止种子因浸泡、吸水而腐烂或下沉，海滨植物，如棋盘脚、莲叶桐及榄仁，就具有典型靠水传播的种子。

◆鸟啄食果实

3. 动物传播

（1）鸟传播

鸟类传播的种子，大部分都是肉质的果实，例如浆果、核果及隐花果。鸟类啄食樟科植物的种子后将种子吐出。果实被采食后，种子经过消化道后随意排泄。靠鸟类传播种子的植物是比较先进的一群，因鸟类传播种子的距离是所有方式中最远的。

◆蚂蚁

（2）蚂蚁传播

蚂蚁在种子传播上，通常扮演二次传播者的角色。有些鸟类摄食、传播种子，但并没有全部消耗掉种子所有的养分，掉在地上的种子，其表面上还有残存的一些养分可供蚂蚁摄食，这个时候蚂蚁就成了二手传播者。

（3）哺乳动物传播

哺乳动物的传播，大部分都是属于一些中、大型的肉质果或干果。一般而言，哺乳动物的体型比较大，食物的需要量大，故会选择一些大型的果实。譬如说：猕猴喜爱摄食毛柿及芭蕉的果实，也帮助这些植物进行传播种子。

4. 自体传播

所谓的自体传播，就是靠植物体本身传播，并不依赖其他的传播媒介。果实或种子本身具有重量，成熟后，果实或种子会因重力作用直接掉落地面，例如毛柿及大叶山榄；而有些蒴果及角果，果实成熟开裂之际会产生弹射的力量，将种子弹射出去，例如乌心石。自体传播种子的散布距离有限，但部分自体传播的种子，在掉落地面后，会有二次传播的现象发生，鸟类、蚂蚁、哺乳动物都是可能的二次传播者。

◆吃水果的猩猩

萌发前的睡眠——孢子的休眠

◆“休眠”

真菌的孢子在成熟之后，经释放进入环境就具有繁殖的能力。然而有些孢子在萌发之前需要进入一个休眠期。它们有的是因现有的环境不够理想而暂时休眠，有的则是自身的条件不足以进入萌发期。

休眠是真菌生活史中的休息阶段。一些孢子由于不适应环境条件而不能繁殖，但一旦外界条件合适繁殖就会继续进行，这样的孢子的休眠称为外源性休眠。而另一类称为内源性休眠的孢子即使在理想的条件下也不能繁殖，这类孢子需要一个相当长的休眠期，或者是经特殊处理来激活孢子，使其恢复繁殖的能力。

◆恶劣的环境不适合生长

外源性休眠

孢子的外源性休眠并非是孢子本身不能萌发，而是环境条件不允许它生长，迫使它延迟生长。可造成真菌孢子外源性休眠的情况主要有以下 4

◆植物体内含有真菌抑制剂

种：①真菌孢子在不适合的温度、湿度、氧气和酸碱度下是不能萌发的。②一些种类的外源性休眠孢子，它们需要不同的营养物质才能萌发。因此，在某些真菌的研究中，可以通过控制生长培养基的成分进行各种萌发条件的研究。③外源性休眠也可由环境中存在的抑制剂而决定。在植物中一般都存在此类抑制剂，以防止真菌的入侵。④外源性休眠形成的另一种因素是由于非宿主生物的存在与真菌孢子竞争营养或产生毒性物质抑制真菌孢子的萌发。

◆休眠是为了传播到更适合生长的地方

从上述所描述的可造成孢子形成外源性休眠体的情况中可以看出，外源性休眠是对不良环境的适应。通过延迟萌发，可以在避免真菌孢子在不良的环境中生长，使其能继续传播，以保证孢子的高效传播，提高其在基物上的生存机会。

广角镜——动物休眠

休眠是动物适应环境，维持个体生存的一种独特生理过程。自然界的环境条件千变万化，有时这种变化是较为剧烈的，并有可能由此而引起食物或水的缺乏。在这种情况下，某些动物出现活动减弱、不食懒动、反射活动下降、处于昏睡状态的生理现象，这就是动物的休眠。因而，若采用真菌休眠的分类依据，动物休眠则属于“外源性休眠”了。

动物的冬眠，完全是一项对付不利环境的保护性行动。引起动物冬眠的主要因素，一是环境温度的降低，二是食物的缺乏。科学家们通过实验证明，动物冬

◆冬眠的加拿大山鼠

眠会引起甲状腺和肾上腺作用的降低。与此同时，繁殖腺却发育正常。冬眠后的动物抗菌抗病能力反而比平时有所增加，显然冬眠对它们是有益的，使它们到翌年春天苏醒以后动作更加灵敏，食欲更加旺盛，而身体内的一切器官更会显出返老还童现象。

在加拿大，有些山鼠冬眠长达半年。冬天一来，它们便掘好地道，钻进穴内，将身体蜷缩一团。它们的呼吸，由逐渐缓慢到几乎停止，脉搏也相应变得极为微弱，体温更直线下降，可以达到5℃。这时，即使你用脚踢它，它也不会有任何反应，简直像死去一样。

◆松鼠

松鼠睡得更“死”。有人曾把一只冬眠的松鼠从树洞中挖出，它的头好像折断一样，任人怎么摇都始终不会睁开眼，更不要说走动了。把它摆在桌上，用针也刺不醒。只有用火炉把它烘热，经过颇长的时间，它才悠悠而动。

刺猬冬眠的时候，简直是连呼吸也停止了。原来，它的喉头有一块软骨，可将口腔和咽喉隔开，并掩紧气管的入口。生物学家曾把冬眠中的刺猬提来，放入温水中，浸上半小时，才见它苏醒。

内源性休眠

内源性休眠孢子主要是由于孢子内部的原因而影响其萌发。目前已提出3种基本机制来解释这种类型的休眠，包括渗透性、自身抑制因子和代谢损伤。

渗透性。某些内源性休眠孢子休眠的原因可能是萌发所需的物质，如营养物、氧气、水或其他物质不能进入细胞。因此，可以通过改变细胞的通透性来刺激孢子的萌发。在实验室我们可以通过使用某些化学物质、使用热激活效应等方式改变膜的通透性。

自身抑制因子。某些真菌的孢子含有抑制自身萌发的化合物。硫是许多真菌孢子萌发的非专一性自身抑制剂，元素硫（S_8）存在于许多自身抑制和休眠的组织中。元素硫的抑制作用可能是通过抑制线粒体，而使呼吸速率下降。

代谢损伤。内源性休眠的孢子不能萌发与代谢障碍的存在有关。代谢障碍既不跟渗透压有关，也不与自身抑制因子相关，可能是由呼吸或其他中间代谢途径的关键酶作用不正常等因素造成。

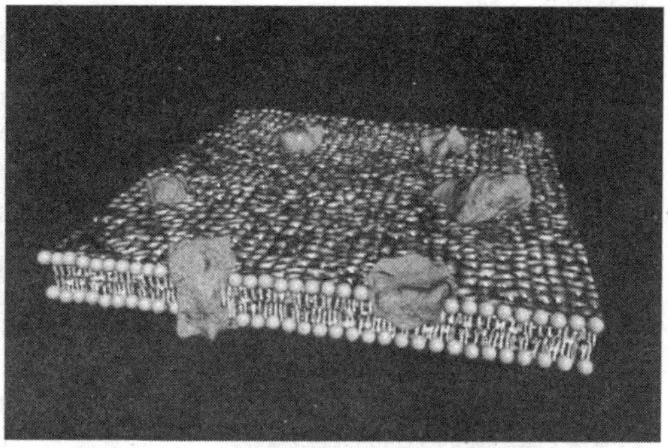

◆细胞膜

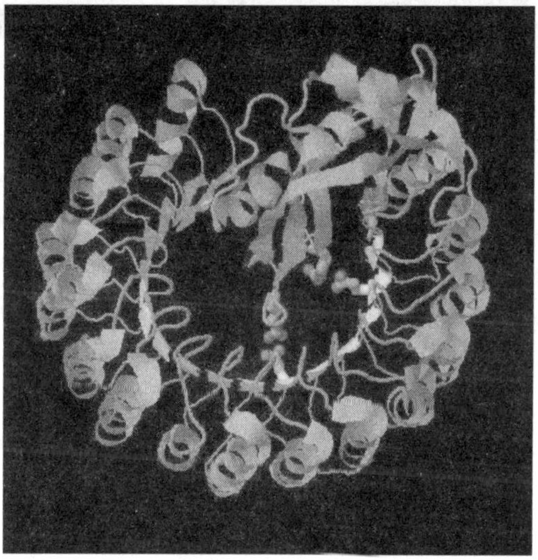

◆酶的空间结构

点击——活孢蛋白

活孢蛋白是一种通过水解作用而形成的植物蛋白，它的主要作用是能够"唤醒"处于休眠状态的真菌孢子。

以下是《活孢蛋白激活休眠期真菌及其杀灭的实验研究》中对活孢蛋白的实验及其结果分析。

方法：以活体休眠孢子为实验对象，随机将活体休眠孢子分为药物杀菌组及活孢蛋白激活休眠孢子萌发组；检测真菌休眠孢子被杀灭的程度。

◆水解植物蛋白

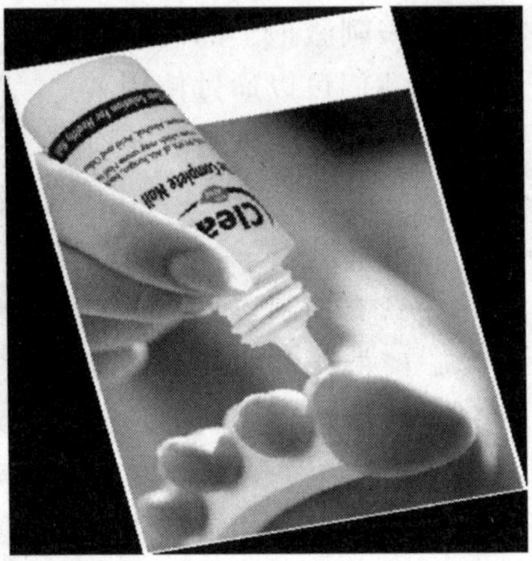

◆灰指甲的防治

结果：药物杀菌组杀灭真菌后，经培养基培养仍有活的菌丝，活孢蛋白激活休眠孢子组杀灭真菌后，经培养基培养几乎看不到活的菌丝。

实验证实活孢蛋白能解除真菌孢子休眠期，加快孢子萌发成长为菌丝。

休眠期孢子对抗真菌药物不敏感，解除真菌孢子休眠期是当前治疗灰指甲复发的关键。到目前为止，治疗灰指甲的众多制剂中，尚无一种药物进行这方面的研究；而活孢蛋白具有缩短孢子休眠期和加快孢子萌发的功效，给灰指甲治疗的研究提供了新方向。

苏醒的睡美人
——孢子的激活与萌发

在安徒生童话中，睡美人的良人骑着白马进入了城堡，发现了美丽的公主就情不自禁地献上一吻，奇迹发生了，公主居然解除魔咒醒来了！那么，沉睡中的孢子是如何解除休眠的状态，恢复活性，从而进入生长繁殖阶段？孢子被激活后又是如何萌发的？下面，让我们继续走进真菌的世界，探寻其中的奥秘。

◆睡美人

孢子的激活

处在休眠期，特别是内源性休眠的真菌孢子，在受到外界的某种因素激活后，会提早萌发。引起孢子激活的因素有很多，不过一般需要联合使用才能收到比较好的效果。激活的主要方法有温度处理、化学试剂处理、后熟和复合处理4种。

◆温度影响

温度处理。热处理可以刺激多种真菌的萌发，一般热处理的温度为40℃～75℃，处理的时间从几分钟到几小时。而以低温（－5℃～10℃）进行预处理，也有利于孢子的萌发。

化学试剂处理。许多化学试剂，如异戊酸，被用于活化真菌的孢子，它们的作用原理是通过增加膜的通透性来刺激孢子进行物质的吸收，从而萌发。一些真菌本身也可以分泌一些化合物来激活其他种类的孢子萌发，如红花植物产生的挥发性的多聚乙炔化合物可以引起红花锈菌冬孢子的萌发。

◆红花植物

后熟。许多内源性休眠的孢子需要经过一定阶段的延迟才对激活处理有反应，这样的现象称为后熟。通过后熟可以保证孢子在萌发前完全成熟，以提高物种的存活率。腐霉的卵孢子在可育的土壤提取液中培养 6 周后，孢子的萌发率从 0 增加到 80%以上。

◆辐毛鬼伞

复合处理。对休眠孢子的活化刺激大多数都要采用复合处理，例如辐毛鬼伞的担孢子，在 45℃环境下处理 4 小时，萌发率为 23%，只以化学试剂处理，其萌发率也仅为 3%，而若将两种方法联用，则其萌发率可达到 88%！

知识库——萌动激活理论

科学研究发现，种子在萌芽期具有极强的生命力，能产生多种生物活性因子。中山大学国家教育部食品工程研究中心开创性提出灵芝孢子的“萌动激活理论”，即首先精选鲜活的灵芝孢子，在低温下使其休眠，休眠时间及温度按照质量标准进行严格控制。在适当的休眠期后，进行萌动激活，使灵芝孢子“苏醒”，从而使灵芝孢子由“休眠”的静态提升至“激活”的动态，激发孢子中的灵芝三萜类化合物、生物碱、灵芝甾醇和活性酶等多种活性物质的生物转化并提升至高峰值，生物活性显著提升并达到顶峰。

◆灵芝孢子

萌动激活能显著提升灵芝孢子的生理活性，但并非所有的灵芝孢子均能通过萌动而使其活性提高。研究发现，只有新鲜、饱满并具有生命力的灵芝孢子才能通过萌动激活而有效提升其药理活性。灵芝栽培的环境和营养条件对灵芝孢子的品质和活性有重要影响，如用木屑等袋料栽培收获的灵芝孢子个体较小、皱缩、内含物少、活性低，孢子萌发率很低；而用椴木培植收获的灵芝孢子个体较大、饱满、活性高、表面光滑，有利于灵芝孢子的萌发，且萌发率高。

孢子的萌发

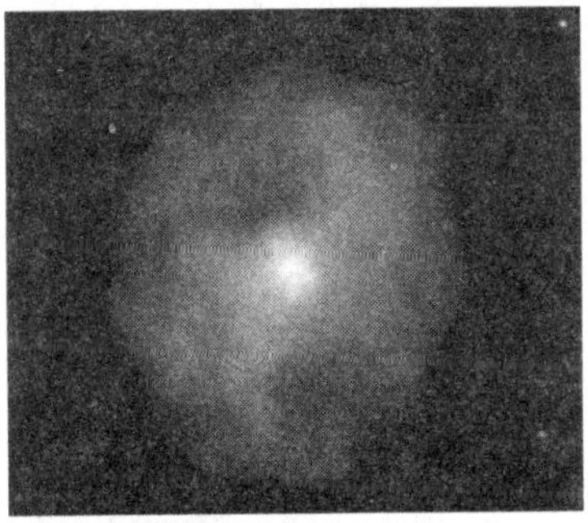
◆能量的蓄积

◆萌发

一旦导致孢子休眠的因素被克服，孢子就进入了萌发阶段。萌发过程大致可分为两个阶段。第一个阶段是孢子的膨胀期。在这一时期，孢子发生体积的增加，其原因在于孢子的吸水膨胀作用及新壁物质的生成。在这期间，大多数的孢子直径可增加 2～3 倍。第二个阶段是指孢子的出芽过程。

孢子萌发后，细胞内许多的生化反应也被激活，如呼吸作用的急剧增加以保证为细胞内其他活动提供足够的能量。

实验——油菜根肿病菌的萌发

◆油菜花

油菜是世界四大油料作物之一。中国油菜的种植面积和总产量均居世界第一位。芸薹根肿菌属原生界根肿菌门根肿菌纲根肿菌属，是甘蓝和相关的十字花科植物上根肿病的广布性内寄生黏菌病原，导致根部薄壁细胞增生而形成肿瘤。根肿病为土传病害，根肿菌的休眠孢子能在土壤中存活7年以上，休眠孢子的萌发条件与该病的发生和流行关系密切。测定不同条件对休眠孢子萌发的影响，可为防治油菜根肿病提供依据。

根据四川农业大学植物保护系黄云等在《油菜根肿病菌的形态和休眠孢子的生物学特性》中论述的实验方法，一起来探寻影响该种属真菌休眠孢子萌发的因素。以下是他们所做的部分实验——温度、pH值和光照对休眠孢子萌发的影响：

◆恒温培养箱

实验步骤：

1. 温度对休眠孢子萌发的影响

分别取过滤除菌的油菜根分泌物溶液5毫升，孢子悬浮液0.5毫升于灭菌的三角瓶中，pH值调至6.3左右，分别于4℃、8℃、12℃、16℃、20℃、24℃、28℃、32℃、36℃和40℃等条件下黑暗培养，5天后镜检。

2. pH值对休眠孢子萌发的影响

分别取过滤除菌的油菜根分泌物溶液5毫升，孢子悬浮液0.5毫升于灭菌的三角瓶中，将pH值设3.5、4.5、5.5、6.5、7.5、8.5和9.5等7个数值。置于24℃条件下黑暗培养，5天后镜检。

3. 光照对休眠孢子萌发的影响

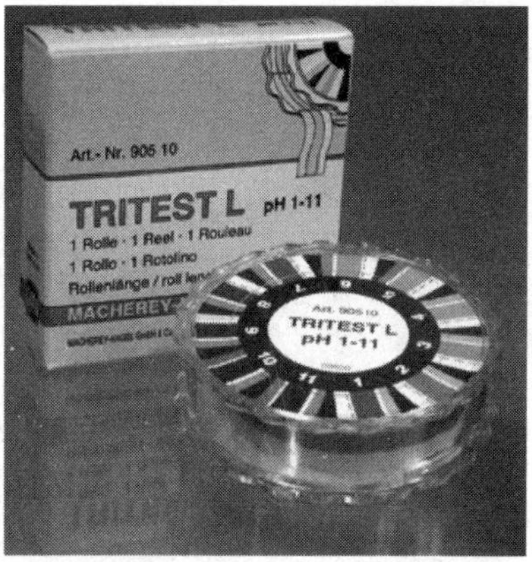

◆pH 试纸

分别取过滤除菌的油菜根分泌物溶液 5 毫升，孢子悬浮液 0.5 毫升于灭菌的三角瓶中，pH 值调至 6.3 左右，分别置于 24℃条件下 24 小时光照（日光灯，900Lux）和黑暗两种条件下培养，5 天后镜检。

实验结果：

温度对休眠孢子萌发的影响：休眠孢子在 4℃～40℃条件下均能萌发，最适温度是 24℃（萌发率为 63.1%），随着温度的升高或降低萌发率均逐渐下降。可见温度是影响休眠孢子萌发的重要原因，这与田间发病情况一致。

pH 值对休眠孢子萌发的影响结果表明，休眠孢子在 pH 值 6.5～7.5 溶液中萌发情况较好，以 pH 值 6.5 弱酸性时平均萌发率最高（61.8%），在碱性和中强酸性溶液中休眠孢子的萌发率较低。

光照对休眠孢子萌发的影响：培养 5 天后，光照处理的休眠孢子萌发率为 10.67%，黑暗处理的休眠孢子萌发率为 62.33%，黑暗处理的孢子萌发率显著高于光照处理的，说明光照对休眠孢子萌发有明显的抑制作用。

实验结果：

油菜根肿菌休眠孢子萌发的最适温度为 24℃，pH 值 6.3，黑暗。

我行我素
——真菌的生态习性

◆环境对生长的影响

成千上万的真菌的孢子悬浮在我们周边的空气中，随手掬一把空气，里面就是一个王国。可是，为什么真菌孢子不能在空气中生长，而是以孢子休眠体的形式散落在空气中呢？它们对生长环境又有什么样的需求呢？各种真菌的需求又有何不同？

◆形似海葵的真菌

真菌的种类非常多，它们对生长环境的要求就像它们的种类一样多，不好侍候。不同的真菌对生存条件的要求也不尽相同。它们有的生活在陆地，有的生活在水里；有的全年都能生长，有的只在某个季节才能生长；有的生长在寒带，有的生长在热带；有的需要寄生于其他生物，有的与其他生物共生生长，还有的只能生长在其他生物的腐败残骸上。这些不同的生活方式和生长习性，使得真菌对温度、养料、酸碱度、湿度、氧、光线等都有特殊的要求。

腐生真菌

腐生真菌是以腐生的方式获取营养，完成物质的分解，从而保证基本物质循环的进行。腐生真菌能分泌多种酶，以溶解有机大分子，从而将其吸收。当它们的菌丝与基物紧密接触时，就会向外分泌多种酶，使得周围难溶的有机物水解为可溶的物质，通过菌丝壁的直接扩散作用进行吸收。

◆真菌腐蚀

在这个过程中，首先吸收的是可溶性的糖和氨基酸。大多数真菌能够迅速地分解简单的含碳有机物，如糖类、淀粉、半纤维素和某些蛋白质。然而对纤维素、脂肪等的分解比较慢，常常需要特殊类型的真菌才能分解。最“顽固”的当属木质素、蜡和单宁，它们最抗分解，只有少数真菌能对其进行分解。

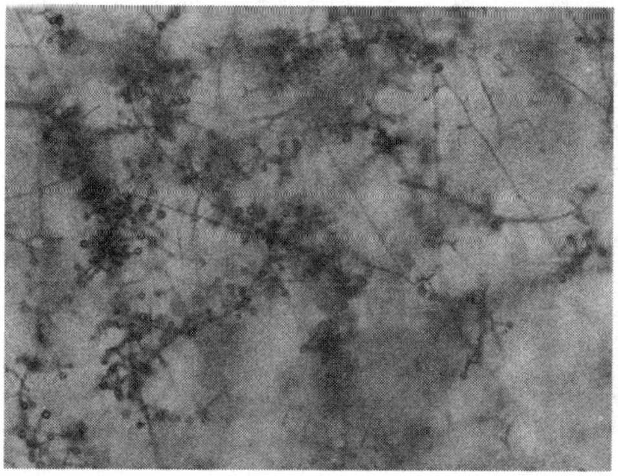

◆梳棉状嗜热丝孢菌

嗜热真菌多指能在40℃以上生长繁殖的真菌；而在10℃以下能生长的真菌称为喜冷真菌。土壤真菌主要分布于距地表24厘米以内的土壤层中，在0～10厘米间最多。它们的数量和种类随土层的加深而递减。水生真菌主要是指能在水体中生活并完成生活史的真菌。空气并不能为真菌的生长繁殖提供必要的营养物质，所以空气不能作为真菌的生活环境，但是却可以为孢子的传播做载体。空气中真菌的类型和密度，因季节、气候和人类活动而发生变化。

知识库——腐殖质

腐殖质是指已死的生物体在土壤中经微生物分解而形成的有机物质，而进行分解的微生物主要是指腐生的真菌与细菌。腐殖质呈黑褐色，含有植物生长发育所需要的一些元素，能改善土壤，增加肥力。

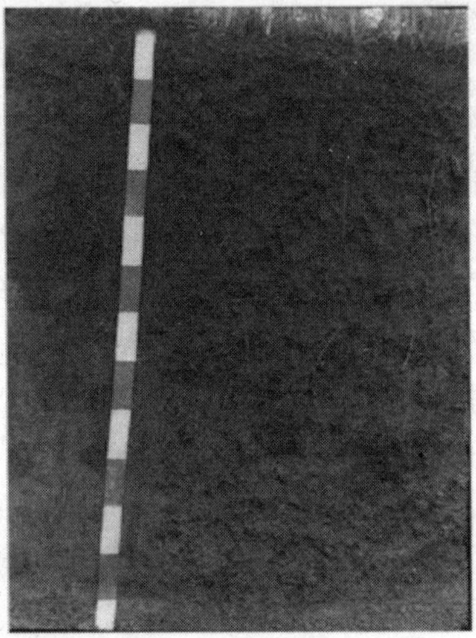
◆土壤腐殖质

腐殖质是具有酸性、含氮量很高的胶体状的高分子有机化合物，是土壤有机质在微生物作用下形成的复杂而较稳定的大分子有机化合物。腐殖质在土壤中，在一定条件下缓慢地分解，释放出以氮和硫为主的养分来供给植物吸收，同时放出二氧化碳加强植物的光合作用。

腐殖质并非单一的有机化合物，而是在组成、结构及性质上既有共性又有差别的一系列有机化合物的混合物，其中以胡敏酸与富里酸为主。胡敏酸比富里酸的酸度小，呈微酸性，吸收容量较高，它的一价盐类溶于水，二价和三价盐类不溶于水，这对土壤养分的保持及土壤结构的形成都具有意义。富里酸呈强酸性，移动性大，吸收性比胡敏酸低，它的一价、二价、三价盐类均溶于水，因此富里酸对促进矿物的分解和养分的释放具有重要作用。腐殖质在土壤中可以呈游离的腐殖酸和腐殖酸盐类状态存在，也可以呈凝胶状与矿质黏粒紧密结合，成为重要的胶体物质。腐殖质不仅是土壤养分的主要来源，而且对土壤的物理、化学、生物学性质都有重要影响，是土壤肥力指标之一。

◆腐殖质是土壤肥力的一个指标

腐殖质的过程基本上分为两个阶段，第一阶段产生构成腐殖质主要成分的原始材料，即由各种形态和状态的有机物质组成的混合物，在微生物作用下分解为各种

◆有机质的初步分解

简单的化合物；第二阶段为合成阶段，即由微生物为主导的生化过程。将原始材料合成腐殖质的单体分子，进而再通过聚合作用形成不同分子量的复杂环状化合物。影响腐殖质形成的因素有土壤湿度和通气状况、温度、土壤反应及土壤有机质碳氮比值。腐殖质化过程使土体进行腐殖质累积，结果使土体发生分化，往往在土体上部形成一个暗色的腐殖质层。

共生真菌及寄生真菌

寄生真菌的生长主要是受宿主的影响。当生物的温度、体质的酸碱度范围等因素与某种寄生真菌相重合，同时又能为该寄生真菌提供必要的营养物质，该寄生真菌就可以在此开始它的寄居生活。

共生真菌的生长条件不仅受外界环境条件的影响，还受与其共生的生物影响。一方面，周围的环境必须要满足该共生真菌的生长需求；另一方面，周围的环境还要适合于与其共生的生物的生长，只有这样，双方才可以携手走向未来。

◆某些真菌可以寄生在苍蝇背上

广角镜——兼性寄生真菌茯苓

被古人称为“四时神药”的茯苓，俗称云苓、松苓、茯灵，为寄生在松树根上的真菌，形状像甘薯，外皮黑褐色，里面白色或粉红色。

常见的茯苓为其菌核体，多为不规则的块状，如球形、扁形、长圆形或长椭

◆野生茯苓

◆茯苓粥

圆形等。大小不一，小者如拳，大者直径可达20～30厘米。茯苓表皮淡灰棕色或黑褐色，呈瘤状皱缩，内部白色稍带粉红，由无数菌丝组成。子实体呈伞形，直径0.5～2毫米，口缘稍有齿。蜂窝状，通常附菌核的外皮而生，初白色，后逐渐转变为淡棕色，孔作多角形，担子棒状，担孢子椭圆形至圆柱形，稍屈曲，一端尖，平滑，无色，有特殊臭气。

野生的茯苓多见于海拔600～1000米的山区，寄生于干燥、向阳山坡上的马尾松、黄山松、赤松、云南松、黑松等树种的根际。孢子在22℃～28℃萌发，菌丝于18℃～35℃生长，25℃～30℃时生长迅速，子实体在18℃～26℃时分化生长并能产生孢子。段木含水量以50%～60%、土壤以含水量20%、pH值3～7、坡度10°～35°的山地砂性土较适宜生长。

我怎样吸收消化
——真菌的代谢

一切的生命现象都直接或是间接与机体进行的化学反应有关，将其总称为代谢。真菌通过分解将外界的有机大分子转变为易于吸收的小分子进入体内，之后或进行分解或与其他物质合成新的化合物。在工业、食品及医药行业上，真菌的某些代谢产物均有应用、规模生产，可谓是身价不菲。

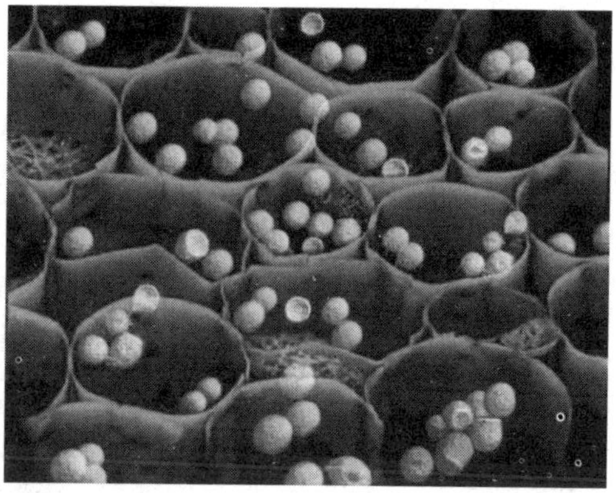
◆细胞代谢

◆含碳有机物

真菌和其他生物一样，有着共同的代谢途径，也有它自己的特殊途径。各种代谢途径的重要性对于不同的生物来说也是不完全相同的。下面我们主要介绍有关真菌的碳、氮、脂类的代谢及真菌的次生代谢产物。

基础代谢

碳代谢。所谓的碳代谢，简单地说就是与碳有关的代谢。而其中最重要的莫过于碳的分解代谢，即将某些含有碳的有机物分解，为生物体提供基础代谢是满足真菌自身生存所需的一类代谢，而具有极大附加值的是真菌的次级代谢产物。

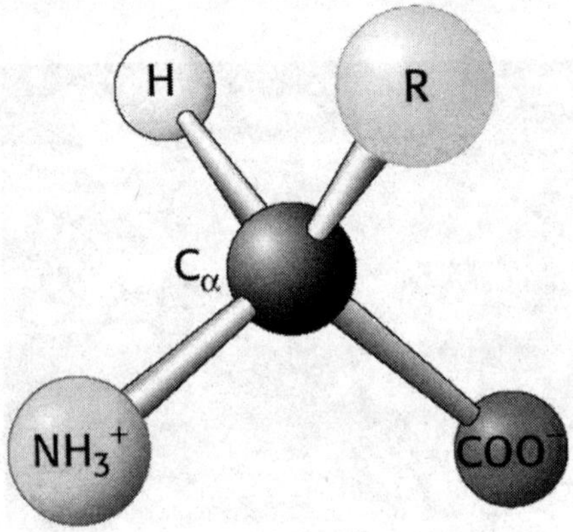

◆氨基酸通式

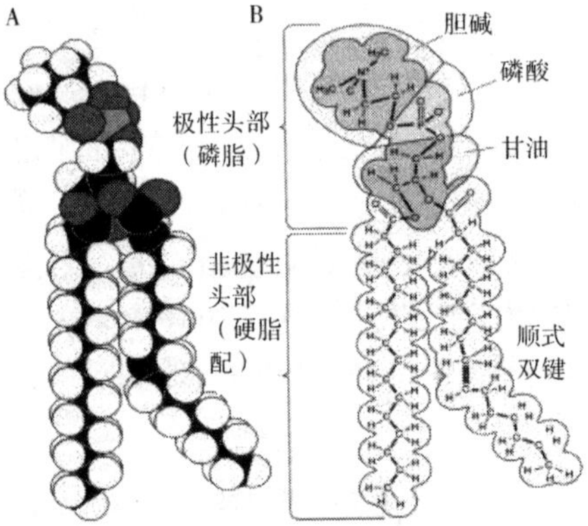

◆磷脂分子

能量的一个过程。对于绝大多数生物来说，碳代谢是十分重要的环节，可以说绝大多数的生命活动所需的能量都是由碳代谢提供的，对真菌而言亦同。我们常常听说的“发酵”、“呼吸作用”的过程就是指碳的分解代谢。

氮代谢。几乎所有的生物都含有蛋白质，而蛋白质又是由多种氨基酸构成的，在生命过程中起着举足轻重的作用。而元素氮又是氨基酸的必备物质，因此，也就无怪乎氮代谢能被称为基础代谢。大多数的真菌都需要在含有无机氮或者少量氨基酸与有机氮的培养基上生活，它们能够合成蛋白质所需的 21 种氨基酸的大部分甚至是全部。

脂代谢。所有细胞的细胞膜都是由双层磷脂分子构成的，而磷脂隶属于脂类的帐下。脂代谢的重要性自是非同一般。脂类也是一类有机物，因此，脂类还可作为真菌的能源和碳源。通常情况下真菌不需要外源脂类，它们能够自己合成。

知识库——培养基

基本培养基是指仅能满足微生物野生型菌株生长需要的培养基，有时用符号“[—]”来表示。可以理解为含有能维持微生物生命即基础代谢的基本物质的培养基。不同微生物的基本培养基是不相同的。

◆培养基平皿

完全培养基则是相对于基本培养基而言的，是指可满足一切营养缺陷型菌株营养需要的天然或者半天然培养基，有时用符号“[+]”表示。完全培养基营养丰富、全面，一般可在基本培养基中加入富含氨基酸，维生素和碱基之类的天然物质配制而成，可以算得上是几乎能满足微生物生命活动所需的所有的营养物质。

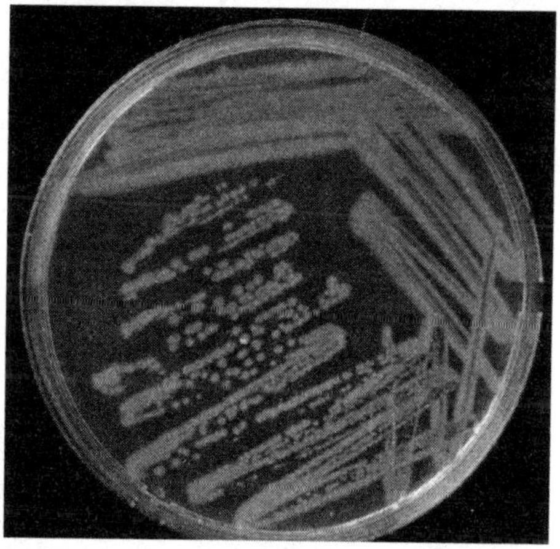

◆琼脂培养基

下面介绍几种真菌培养基：

1. 萨市（Sabouraud's）培养基

材料：蛋白胨10克、琼脂20克、麦芽糖40克、水1000毫升。

先把蛋白胨、琼脂加水后加热，不断搅拌，待琼脂溶解后，加入40克麦芽糖（或葡萄糖），搅拌，使它溶解，然后分装、灭菌，备用。

2. 豆芽汁培养基

材料：黄豆芽100克、琼脂15克、葡萄糖20克、水1000毫升。

洗净黄豆芽，加水煮沸30分钟，用纱布过滤。滤液中加入琼脂，加热溶解后放入糖，搅拌使它溶解，补足水分到1000毫升，分装、灭菌，备用。

3. 豌豆琼脂培养基

材料：豌豆80粒、琼脂5克、水200毫升。

取80粒干豌豆加水煮沸1小时，用纱布过滤后，在滤液中加入琼脂，煮沸到溶解，分装、灭菌，备用。

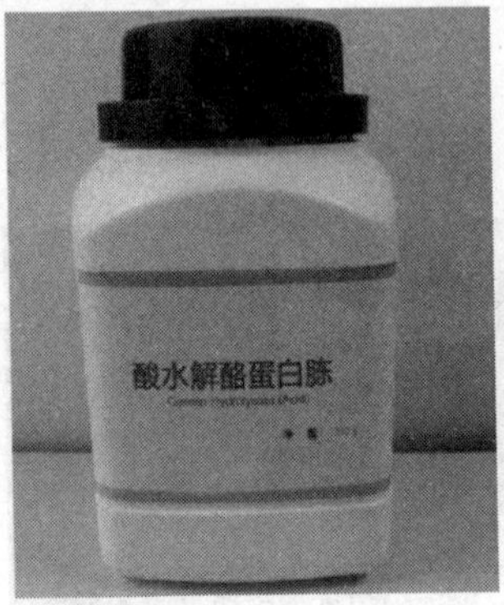

◆蛋白胨

◆一种培养基的消毒装置

4. 马铃薯—蔗糖—琼脂培养基

材料：马铃薯、蔗糖 20 克、琼脂 18 克。

把马铃薯洗净去皮后，切成小块。称取马铃薯小块 200 克，加水 1000 毫升，煮沸 20 分钟后过滤。在滤汁中补足水分到 1000 毫升，即成 20% 马铃薯煮汁。在马铃薯煮汁中加入琼脂和蔗糖，煮沸，溶解后，补足水分，分装、灭菌，备用。使用该培养基对 pH 值要求不严格，可以不测定。

该培养基可用于食用菌的培养。

次生代谢产物

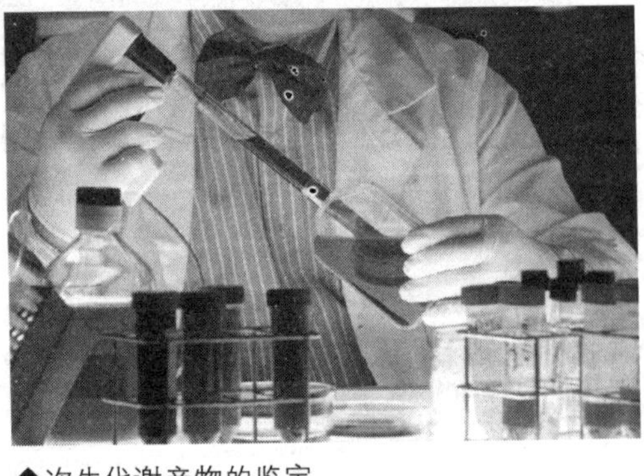
◆次生代谢产物的鉴定

次生代谢包括许多且很少具有共同途径的代谢类型。而且，只有当机体内正常的生长受到抑制或者限制时次生代谢才开始登上舞台。

目前已知的真菌次生代谢产物已超过 1000 多种，它们在化学组成方面有很大的差异，而且往往是某些种所特有的。一些次生代谢产物具有重要的商业价值，如青霉素、植物激素等；而另一些次生代谢产物却是有毒的，如一些生长在贮藏的食品上的丝状真菌，能产生大量的真菌毒素。

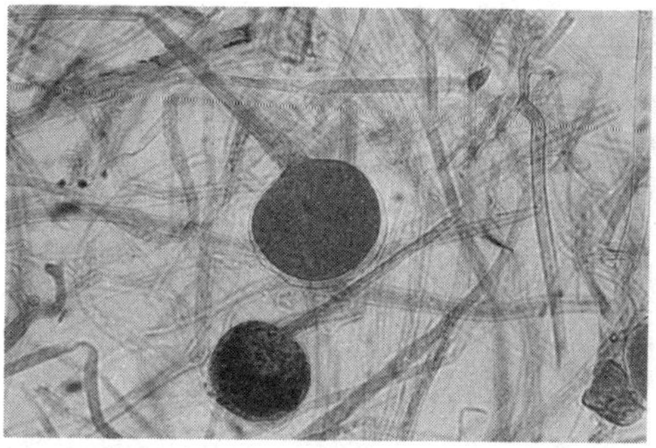
◆产生真菌毒素的丝状真菌

概括起来，次生代谢产物主要有以下 3 个特点：①它们的产物是极端专一的，往往限于一个种或一个种内的某一个株系；②次生代谢产物在产生该代谢物的机体的生命活动中并没有明显的功能；③它们是在机体受限制时产生的。

广角镜——海洋真菌代谢

◆海洋中富含各种真菌

海洋真菌，作为海洋微生物中一个重要组成部分，拥有独特的代谢途径，有比陆源真菌更加丰富的活性代谢物，备受研究机构的青睐。目前，对其定义有不同的提法，但广泛被接受的是克耳米埃尔（Kohlmerer）在 1979 年所提出的。他把海洋真菌分为专性海洋真菌和兼性海洋真菌，专性海洋真菌是指能在大洋和河口地区生长和形成孢子的真菌，兼性海洋真菌是指那些来自淡水和陆地环境，又能在海洋环境中生长和形成孢子的真菌。海洋真菌的分布极为广泛，可从来源于海洋的不同的基质中找到，如红树林的树干、树叶、气根，海藻、海洋漂浮的木头、海水浸泡的沼泽地、死亡的珊瑚、海洋沙滩种植物、海底沉积物，海洋中各种动物的体内、体表的共生真菌等。琼斯（Jones）和米歇尔（Mitchell）（1996）估计，海洋真菌至少有 1500 种，但至今为止，被描述过的高等海洋真菌仅有 500 种左右。

相对于海洋细菌天然产物研究的丰富成果，海洋真菌代谢产物的研究工作发

◆红树林中含有多种海洋真菌

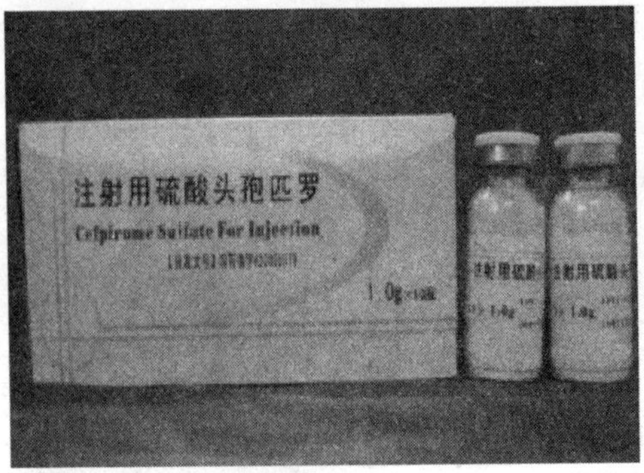

◆第三代头孢菌素药物

展得较晚，早期对海洋真菌的研究，主要涉及盐的忍耐度，营养的需求或具有潜在经济价值和生物学意义的分解纤维素的活性。从20世纪60年代～1995年，海洋真菌代谢产物研究进展缓慢，成果不多。但从1996年起，成渐增之势。可以看到，与细菌相比，真菌相对高等，代谢能力更强，生命活动更复杂，并且与海洋中动植物有着非常复杂的生态关系，孕育着无穷无尽的新型代谢产物。不少科研结果统计也证明：从海洋真菌分离出的次级代谢产物70％～80％具有生物活性。

迄今为止，人们从海洋真菌中获得的代谢产物主要有萜类化合物、肽及生物碱类化合物、酮类和酯类化合物等，多数物质具有抗菌、抗肿瘤及抗病毒、酶抑制剂等活性，有些正逐步往临床药物方向开发，有些已成功应用于临床。其中，最为人们熟悉的就是开发出三十多种相关产品的抗生素药物产品的头孢菌素类化合物，其最初前体就来源于一株海洋真菌。历史和现实表明海洋真菌是产生新的活性物质、生产新药的巨大宝库。

“菌”大十八变
——真菌的生长

民间有句熟语——女大十八变，越变越美丽。生长的魔力如此巨大，那么，真菌“长大”后也会变得有所不同吗？真菌的生长机制又是怎么样的？所有种类的真菌都拥有相同的生长模式吗？

◆真菌

真菌的种类繁多，实验表明虽然丝状真菌和非丝状真菌的生长类型不同，但是它们的生长机制却是相似的。

丝状真菌的生长

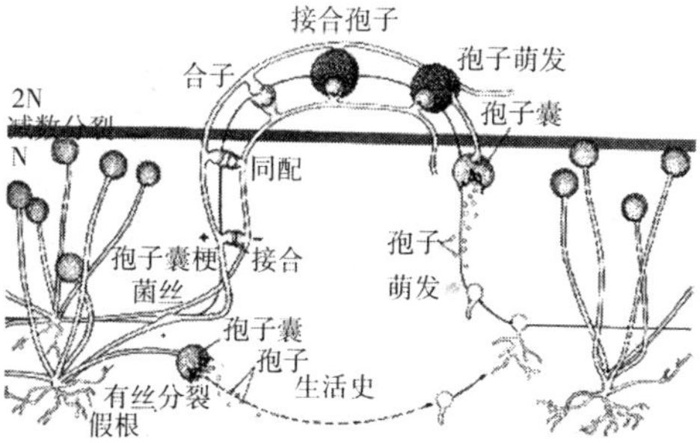

◆根霉属植物的生活史

丝状真菌的生长是以顶端延长的方式进行的，而它们在生长的过程中产生繁茂的分枝结构而形成菌落，因此，分枝现象也是丝状真菌生长过程中不可缺少的环节。

菌丝顶部是菌丝体的生长点，其中含有多种物质，它们的活动能促使细胞膜和细胞壁的延伸。同时，在逐渐硬化的细胞壁和逐渐扩大的细胞内压下，菌丝中活跃的原生质从衰老部分流向顶端，使菌丝顶端不断向前伸长。菌丝的这种生长方式即称作菌丝顶端生长。

真菌的分枝。一个简单的未分枝的菌丝几乎沿着任何一个位点都可以产生分枝，其分枝方式是第二个分枝是发生在前一个分枝所在的新枝体上。这样循环下去，最终将会形成一个球形的真菌菌落。通过实验揭示了以下与真菌分枝行为有关的现象：①大多数菌丝的分枝是在菌丝顶端之后的某一段距离发生，而且新的分枝总是向前或是朝向菌落的边缘；②菌丝的顶端彼此分离使菌丝间充满间隙，这保证了菌丝对营养的要求，同时它们会从存活菌丝营养耗尽的区域撤离；③在培养基中，菌落的密度和菌落形成分枝的数目直接与营养水平相关；④丝状真菌的生长有一个重复循环的过程。

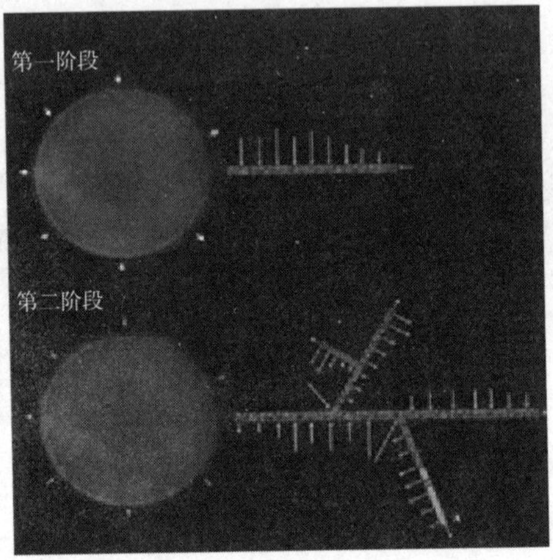

◆真菌的分枝

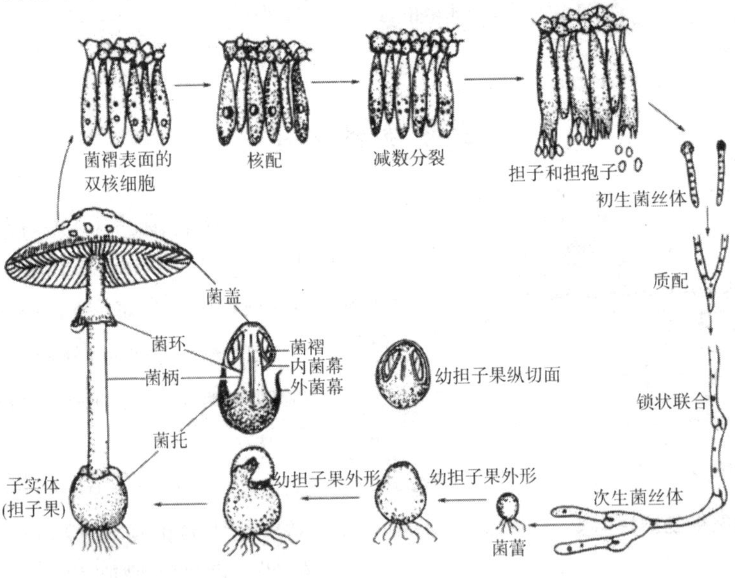

◆蘑菇属的生长史

单细胞真菌的生长

丝状真菌的生长是以顶端生长的方式进行的，非丝状真菌如酵母菌的生长就是借助裂殖和芽殖两种方式来进行生长，经过细胞膨大、细胞核分裂、细胞质合成，最后达到细胞的芽殖或裂殖，进入无性繁殖。

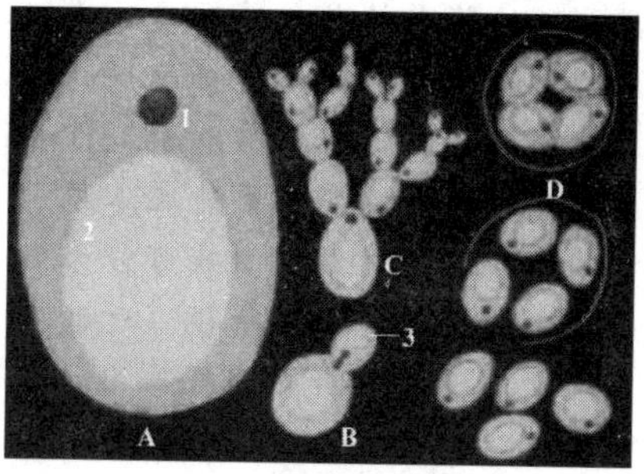

A. 单个细胞　B. 出芽　C. 假菌丝　D. 子囊和子囊孢子　1. 细胞核　2. 液泡　3. 芽孢子

◆酵母菌属

丝状真菌的两型生长

真菌的生长对环境的依赖性是很强的，因此许多真菌都具有依照环境条件而改变其形态的能力，以更好地适应不同的环境。丝状真菌的两型生长现象是指丝状真菌可以根据环境条件的不同，选择自己的生长方式，可以从菌丝型转化为类酵母型，这样的真菌称为两型真菌。

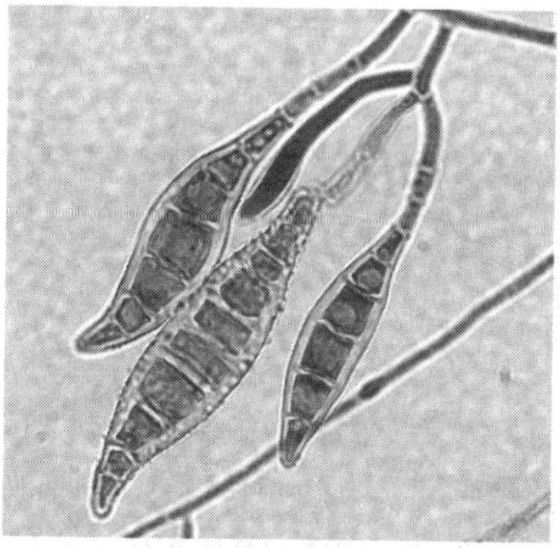

◆引起皮肤癣的真菌

根据影响丝状真菌生长方式改变的因素不同，可将两型真菌分为 3 类：温度依赖型、温度和营养依赖型、营养依赖型。

广角镜——微生物的生长曲线

定量研究液体培养基中微生物群体生长规律的实验曲线叫做微生物生长曲线。将少量纯种微生物细胞接种到容积恒定的液体培养基上，在合适的环境下，细胞就会由小变大，发生有规律的生长。若以细胞数的对数为纵坐标，培养时间为横坐标，就可以绘出单细胞微生物的典型生长曲线。

微生物生长曲线是以微生物数量（活细菌个数或细菌重量）为纵坐标，培养时间为横坐标画得的曲线。一般说，微生物（细菌）重量的变化比个数的变化更能在本质上反映出生长的过程。曲线可分为三个阶段即生长率上升阶段（对数生长阶段）、生长率下降阶段及内源呼吸阶段。

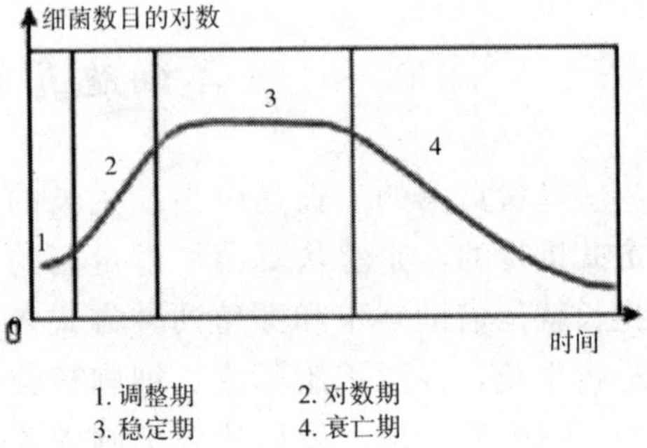

◆细菌生长曲线

单细胞微生物典型生长曲线分为调整期（延滞期）、对数期、稳定期和衰亡期4个时期。以下是各个时期的特点及成因：

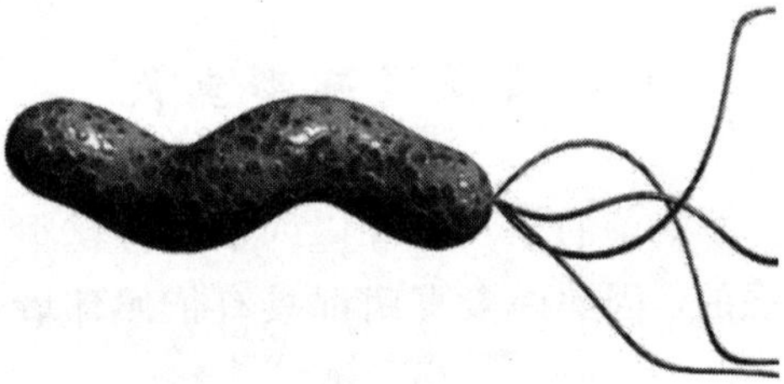

◆细菌

1. 调整期（延滞期）

特点：①细胞物质开始增加；②有的细胞开始不适应环境而死亡；③细菌总数下降；④调整期末期，细胞代谢活动能力强，细胞中RNA含量高，嗜碱性强，对不良环境条件较敏感，呼吸速度、核酸及蛋白质的合成速度接近对数细胞，并开始细胞分裂。

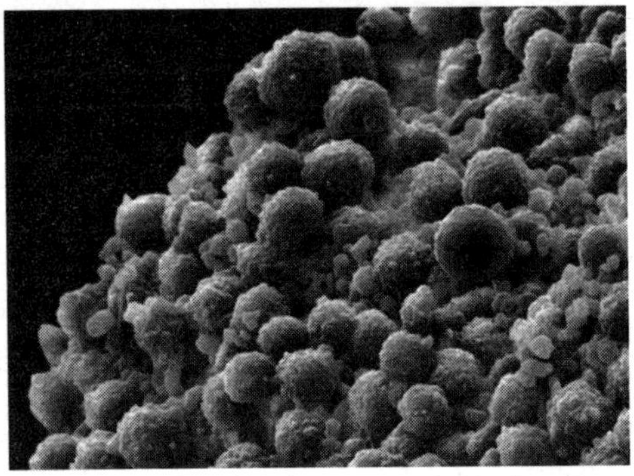

◆细胞死亡

成因：微生物刚刚接种到培养基之上，其代谢系统需要适应新的环境，同时要合成酶、辅酶、其他中间代谢产物等，所以此时期的细胞数目没有增加。

2. 对数期

特点：①菌体以几何数增加，增长速度快；②细胞代谢能力最强；③细菌很少死亡或不死亡。

成因：经过调整期的准备，为此时期的微生物生长提供了足够的物质基础，同时外界环境也是最佳状态。

◆衰亡

3. 稳定期

特点：①生长速率下降，死亡率上升；②细胞数达到最大值，新生的细菌数和死亡的细菌数相当。

成因：营养的消耗使营养物比例失调、有害代谢产物积累、pH值等理化条件不适宜。

4. 衰亡期

特点：①死亡率增加，细菌少繁殖或不繁殖；②细菌常出现多形态、畸形或衰退型，有的会产生芽孢。

成因：主要是外界环境对继续生长越来越不利、细胞的分解代谢大于合成代谢、继而导致大量细菌死亡。

根据微生物的生长曲线可以明确微生物的生长规律，对生产实践具有重大的指导意义。如根据对数期的生长规律，可以得到培养菌种时缩短工期的方法——接种对数期的菌种，采用最适菌龄，加大接种量，用与培养菌种相同组成的培养基。又如，根据稳定期的生长规律，可知稳定期是产物的最佳收获期，也是最佳测定期，通过对稳定期到来原因的研究还促进了连续培养原理的提出和工艺技术的创建。

老祖宗是鞭毛生物?
——真菌的起源和演化

人类从出现哲学伊始，就一直在探索“我从哪里来，又将要到哪里去”这一主题。那么，在整个生物的发展过程中，真菌又是在什么时候产生，进入这个大千世界，又是经历了怎样的演化，才成为我们现在所认识的真菌?

◆生命起源

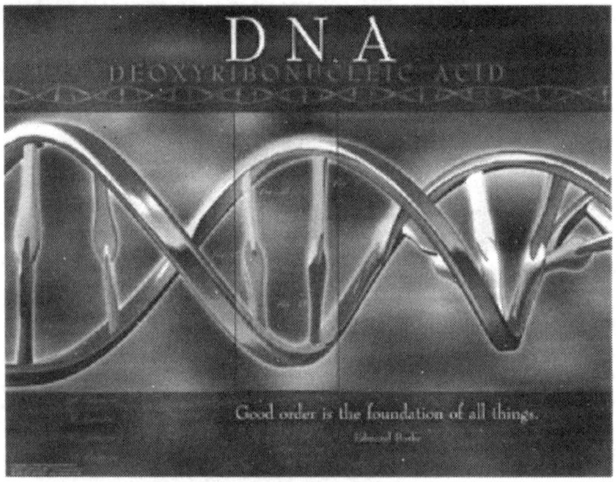

◆运用DNA研究真菌起源

20世纪中叶以前，关于真菌的起源、演化和系统发育的研究，主要是以比较形态学和细胞学的资料为基础。随着各项生物学研究技术的发展和新技术的应用，人们普遍认识到多数有机体的基础生化是相同的，而其差异如细胞壁的组成、DNA和RNA的含量、DNA中的G+C克分子百分含量、氨基酸的排列顺序等，都有利于确定它们之间的亲缘关系，从而推动了真菌起源和演化的研究。

真菌的起源

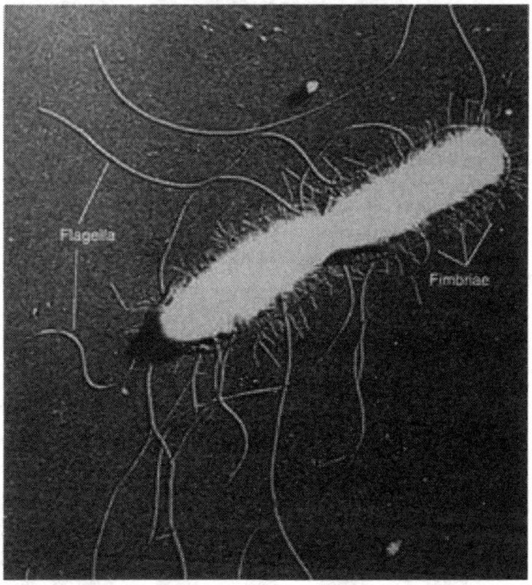

◆保有鞭毛结构的细菌

真菌在地球上存在了多长时间至今还是个谜。长期以来，人们对真菌的起源也没有确切的结论。一些学者根据性器官的形态和交配方式进行推测，认为真菌来自藻类。但是，近年来支持藻类起源论的人越来越少了，多数真菌工作者认为大多数的真菌起源于一种原始的水生生物——鞭毛生物。

尤其是在 2006 年，一支致力于研究物种起源的国际联合小组对真菌起源的问题进行了重新定义，证实真菌是与动物亲缘关系最近的类群。研究人员在 2006 年 10 月 19 日发表在《自然》(*Nature*)的文章中，高度强调蘑菇、苔藓等真菌的祖先拥有摆动的鞭毛，只是从水生到陆生、与动物在进化树上分道扬镳的进化过程中遇到不同的发展机遇而失去了原先的鞭毛。没有真菌化石，研究人员需要依赖“分子数据”进行推论，研究人员还推论真菌和动物与其他真核生物分道扬镳事件发生于大约 10 亿年以前，真菌和动物“分手”于 6 亿年以前。

推荐阅读——《物种起源》

《物种起源》(*The Origin of Species*)是达尔文(Charles Robert Darwin，1809～1882 年)论述生物进化的重要著作，出版于 1859 年 11 月 24 日。该书算得上是 19 世纪最具争议的著作，其中的观点大多数为当今的科学界普遍接受。在该书中，达尔文首次提出了进化论的观点。达尔文使用自己在 19 世纪 30 年代环球科学考察中积累的资料，试图证明物种的演化是通过自然选择和人工选择两

◆物种起源

种方式实现的。

必读理由：《物种起源》是一本影响世界历史进程的经典著作，同时是震撼世界的10本书之一；还于1985年被美国《生活》杂志评选为人类有史以来的最佳图书，是英国《读书》杂志在1986年推荐的理想藏书；书中所阐述的进化论是19世纪自然科学的三大发现之一；是人类思想发展史上一座最伟大的划时代的里程碑。

《物种起源》是进化论奠基人达尔文的第一部巨著，全书分为十五编，前有引言和绪论。十五编的目次为：第一，家养状态下的变异；第二，自然状态下的变异；第三，生存斗争；第四，自然选择（即适者生存）；第五，变异的法则；第六，学说之疑难；第七，对自然选择学说的各种异议；第八，本能；第九，杂种性质；第十，地质记录的不完整；第十一，古生物的演替；第十二，生物的地理分布；第十三，生物的地理分布续篇；第十四，生物间的亲缘关系：形表学、胚胎学和退化器官；第十五，综述和结论。从前十四个编目上，可以清晰地看到《物种起源》的内容：讲述生物进化的过程与法则。而在这前14编中，又可以分成3部分，分别是1～5编，6～10编和11～14编。第一部分的内容是全书的主体及核心，标志着自然选择学说的建立。第二部分中作者设想站在反对者的立场上给进化学说提出了一系列质疑，再一一解释，使之化解。这正表现出作者的勇气和学说本身不可战胜的生命力。在第三个大部分，达尔文用他的以自然选择为核心的进化论对生物界在地史演变、地理变迁、形态分宜、胚胎发育中的各种现象进行了令人信服的解释，从而使这一理论获得了进一步支撑。

◆人类进化

真菌的演化

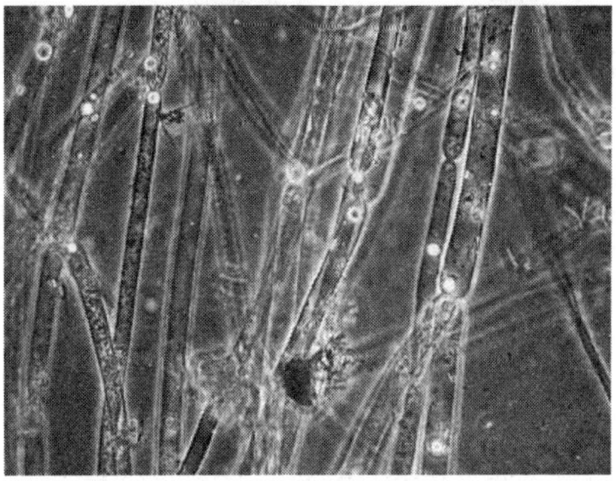
◆水生真菌——水栉霉

关于真菌的演化，多数真菌工作者认为水生真菌是原始型，演化的过程是由水生到陆生，并推测在演化的过程中还可能返回水生的习性。因此，认为具有鞭毛的游动孢子是和水生习性相联系的原始性状，而不游动的孢子是相对进化的。

从营养方式来看，寄生的生活方式比腐生的生活方式高级，腐生的生活方式是原始的生活类型。专性的寄生生活方式比兼性的寄生生活方式高级，最高级的生活方式是特异性的专性寄生方式。而真菌的结构，简单地说是由简单到复杂，再由复杂退化和失去特殊的结构，是结构简单化。

当前，真菌学家认为真菌演化的主轴路线为：鞭毛生物→壶菌→接合菌→子囊菌→担子菌。

想一想议一议

怎样理解“而真菌的结构，简单地说是由简单到复杂，再由复杂退化和失去特殊的结构，是结构简单化”这句话？

链接：真菌的分类与命名

真菌的分类：

1. “三纲一类”系统

20世纪60年代以前提出并在很长一段时间内被采用，出发点是认为真菌是低等植物。

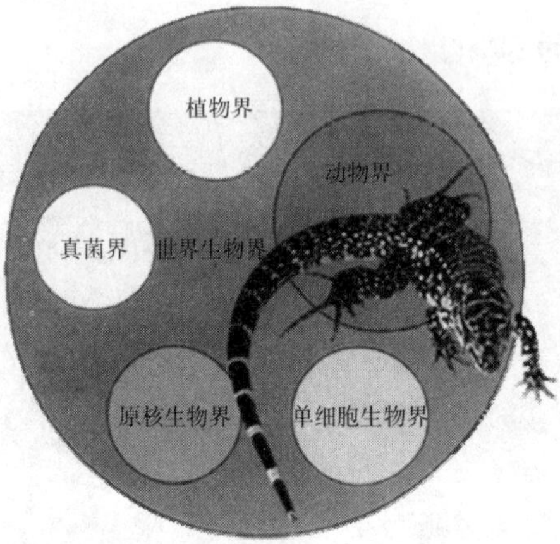

◆五界系统的提出为 Ainsworth 系统奠定了基础

藻状菌纲：菌丝体无隔，或不形成真正的菌丝体。

子囊菌纲：菌丝体有隔，有性阶段形成子囊孢子。

担子菌纲：菌丝体有隔，有性阶段形成担孢子。

半知菌纲：菌丝体有隔，未发现有性阶段。

分类依据：营养体性状和有性孢子的有无及类型。

2. Ainsworth 系统（1971，1973年）

此系统将真菌门分成鞭毛菌亚门（*Mastigomycotina*）、接合菌亚门（*Zygomycotina*）、子囊菌亚门（*Ascomycotina*）、担子菌亚门（*Basidiomycotina*）、半知菌亚门（*Deuteromycotina*）五个亚门。出发点是认为真菌不是低等植物，而是属于单独成立的菌物界。分类依据也是营养体性状和有性阶段特征，尤其是有性阶段孢子类型。

3. Aloxopoulos 系统（1979 年）

是美国研究生课程使用的分类方式。

总之，真菌分类仍然是以形态、生理、生态以及解剖学、细胞学上的特征为依据，尤其是以有性阶段的形态特征为主要依据。

现在真菌的命名通常采用双名法，双名法=属名+种名+命名人。

◆林奈提出双名法

庞大的真菌世家

——真菌家族的成员

微生物学家 C.J. 阿历索保罗（C.J. Alexopoulos）在《菌物学概论》*Introductory Mycology*（1979 年）一书的绪论中说道：在今天这样一个科学的世界，在原子核已经成为家喻户晓的世界里，却很少有人认识到我们的生活与真菌的关系如此密切！老实说，我们没有一天不直接或间接地受到这些微观世界中的居民们的益处和损害。

睁大你的慧眼，让我们一起走进真菌的大家庭。

我属真核生物
——真菌

说起真菌，或许你会有点茫然不解，不知所云。其实真菌一直都在我们的身边，深深地扎根在我们生活的每个角落。当你阅读完本节，你就会不由自主地发出这样的惊叹：原来这些都是真菌！那还等什么，让我们一起进入真菌的世界吧！

◆蘑菇

想一想查一查

真菌（fungus；eumycetes）是具有真核和细胞壁的异养生物。真菌通常又分为三类，即酵母菌、霉菌和蕈菌（大型真菌）。

真菌是一个很庞大的家族，为了掌握各种情报，更好地融入世界，族中子弟自立门户，渗入各行各业，有的"入朝为官"，有的"下海经商"，有的"称霸武林"，有的"遁入空门"，有的"名震丐帮"，还有的"献艺人前"……它化身千面伊人，在你的生活中自由地出入。注意，那个貌似平凡的老

◆灵芝

百姓可能就是真菌！

熟悉的陌生人

◆香菇

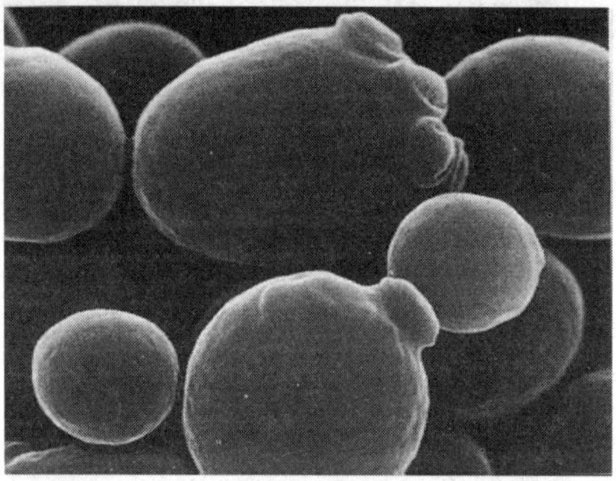
◆酵母

真菌广泛地分布在地球表面，是存在于自然界中数量与种类都十分巨大的一类生物。或许你会觉得困惑，毕竟真菌这个词在生活中出现的频率并不算高。其实，在日常生活中，我们经常能接触到它。下面为你引荐这类可能对于你来说是“熟悉的陌生人”的真菌。

灵芝。灵芝在民间被称为仙草、瑞草等，古人认为其具有延年益寿、起死回生之功效。由于野生灵芝的数量较少，唯有达官贵人、甚至是皇室才有权得之，十分珍贵。随着科技的发展，目前市场上所销售的灵芝多为人工种植，价格可被大多数消费者接受。

香菇。香菇味道鲜美，以其特有的香鲜而在众多食用菌中脱颖而出，故以此名之。与其他食用菌一样，香菇不仅美味，而且营养价值很高。香菇低热量、高蛋白质，富含多种氨基酸及维生素，被称为绿色健康食品。

酵母。酵母多用于酿酒及面

> 微生物通常是指形体微小，结构简单，通常要用光学显微镜和电子显微镜才能看清楚的生物。

包和馒头的制作。而所谓的发酵，就是酵母菌生长的过程。通过酵母菌的呼吸作用，使得面粉里含有大量的二氧化碳，这样蒸出来的馒头才会松软；而酵母菌的代谢，则会将大米转化为乙醇（酒精），从而酿出香醇的美酒。

当然，还有美味营养的竹荪、蘑菇、凤尾菇，药用的猴头菇、茯苓、银耳，让久置的面包发霉的霉菌……

真菌与细菌

雄兔脚扑朔，雌兔眼迷离。两兔傍地走，安能辨我是雄雌。

真菌与细菌同属于微生物，两者虽同为“菌”，却有着本质的不同。最根本的区别在于，真菌是真核生物，而细菌是原核生物，即细菌不具备由核膜包裹的细胞核，仅有一个核区。

广角镜——原核生物与真核生物

原核生物主要包括三菌三体，即真细菌、古生菌、放线菌、衣原体、支原体、立克次体；真核生物包括有动物、植物、原生动物、真菌。

原核生物与真核生物的区别，根本在于组成它们的细胞结构不同，即原核细

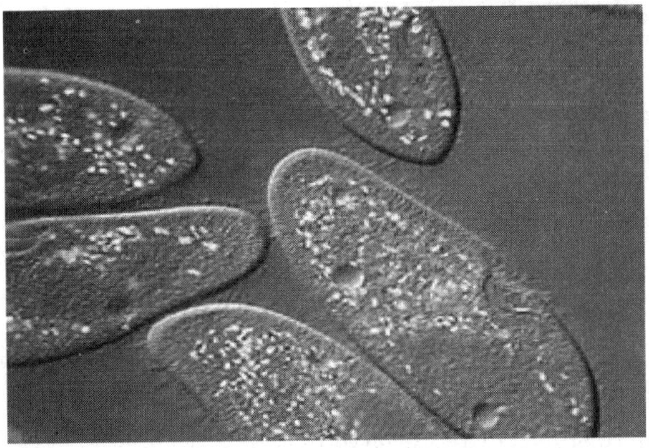

◆原核生物——原生动物

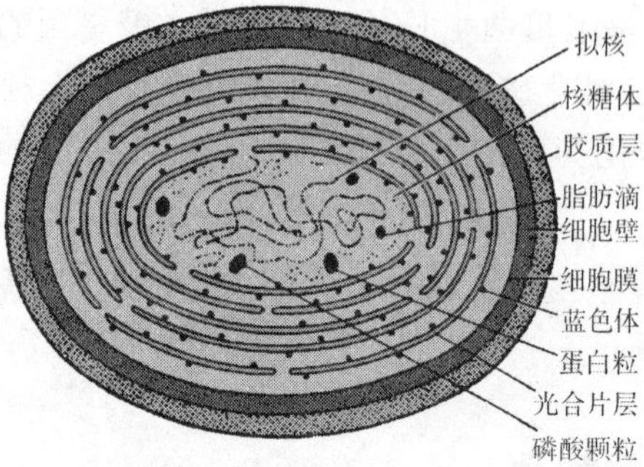

◆原核细胞的结构示意图

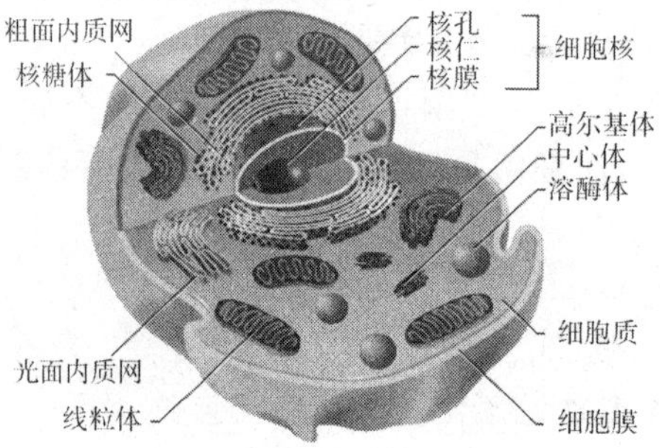

◆真核细胞的结构示意图

胞与真核细胞的区别。这两种细胞的主要区别以下有三个方面：

1. 细胞壁

原核细胞的细胞壁不含纤维素，主要成分是糖类和蛋白质结合成的化合物——肽聚糖；真核细胞的细胞壁主要成分是纤维素和果胶。

2. 细胞器

原核细胞一般只有核糖体一种细胞器，没有高尔基体、线粒体、内质网和叶绿体等其他任何带膜结构的成形细胞器；真核细胞则有多种细胞器。

3. 细胞核

这是划分两者的最根本依据。原核细胞没有由核膜包被的细胞核，即没有真正的细胞核，其核只能叫拟核；真核细胞则有核膜。

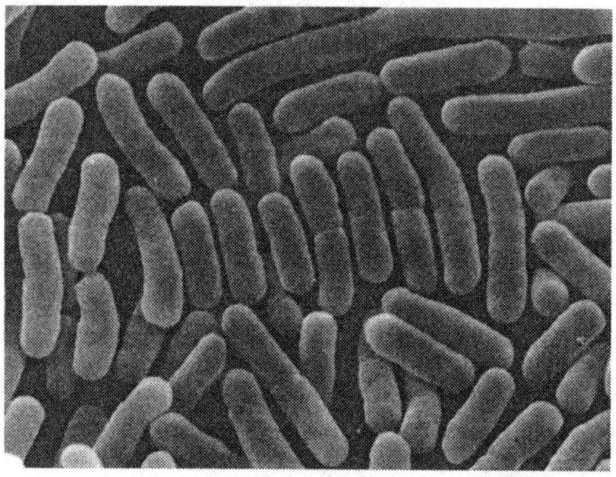
◆杆菌

下面介绍一个简易区分真菌与细菌的方法：由于细菌多为球状、链状与螺旋状 3 种，因此在命名时多根据其基本形态将其称为某某球/链/螺旋菌。当然，这并不是百试不爽的，如支原体、衣原体、放线菌也是细菌，只能说其名字拥有以上特征的一定是细菌而非真菌。

虽然它们的亲缘关系不近，生活中它们却常是结伴而行的。它们都悬浮在空气中，一旦周围的环境适合它们生长，就在此安家立业。而它们的安定对我们人类来说，并不一定都是好事，因此我们必须认清敌友，深入了解，让其为人类作更大的贡献！

是植物还是动物？
——真菌研究之路

真菌广泛地存在于自然界中，从湿热的赤道到干冷的两极，从高耸的群山到低洼的湿地，从汪洋大海到广阔草原，无处不存在真菌的身影。它们的孢子悬浮在空气中，常与空气相伴。只要你留心观察，就会发现，你正被真菌大军所包围。

真菌的前世今生

◆科学家在史前生物的粪便中发现真菌化石

真菌是微生物中最年轻的种群。真菌的诞生要比细菌晚10亿年左右，最早可查的真菌是在泥盆纪第一批植物化石中发现的腐生和寄生真菌。

虽然真菌是家中老幺，但它却是最有活力的一员——真菌是微生物族系中最庞大的一支。据霍克思沃斯（Hawksworth）在1991年估计，在自然界中有真菌100万～150万种，其中已描述种类的约有1万属、7万余种。根据我国真菌学家戴芳澜教授（1893～1973年）估计，我国的真菌数量为4万多种，中国特有种约2000种。

◆真菌

醪醴。读音为 láo lǐ 。醪，浊酒；醴，甜酒。即甘浊的酒，亦泛指酒类。古代用用五谷熬煮，再经发酵酿造，作为五脏病的治疗剂，即为醪醴。

我国可以算是最早认识和应用真菌的国家之一。郭沫若在《中国史稿》一书中认为我们的祖先在距今6000～7000年前的仰韶文化时期就已经大量采食蘑菇。另有古籍记载黄帝与歧伯论醪醴、夏代仪狄酿酒、周代杜康制酒的传说，后南宋陈仁玉在《菌谱》中对11种食用菌进行了记载。而将真菌直接用作药材则是我国应用真菌的一大发明，在《神农本草经》、《本草纲目》等典籍中均有记载。

1860～1950年是近代真菌学全面发展的时期。第一个将进化论概念引入真菌分类的科学家是德国植物学家巴里（H. A. De Bary）。意大利的真菌学家萨卡多（P. A. Saccardo）将当时全世界已经发表的真菌描述进行了收集整理，汇编成的巨著《真菌汇刊》为真菌分类学的发展作出了巨大的贡献。

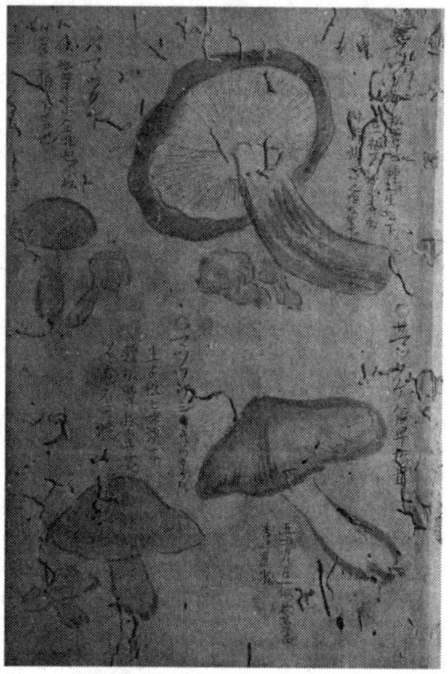

◆信阳菌谱

20世纪50年代以来，现代真菌学飞速发展。无论是在真菌的结构、生理生化、遗传变异，还是应用分类方面，都进入了快速全面发展的时期。

名人堂——中国真菌学家戴芳澜

◆戴芳澜

戴芳澜（1893～1973 年），著名的真菌学家和植物病理学家。他在真菌分类学、真菌形态学、真菌遗传学以及植物病理学等方面作出了突出的贡献，并建立起以遗传为中心的真菌分类体系，确立了中国植物病理学科研系统，对近代真菌学和植物病理学在我国的形成和发展起了开创和奠基的作用。

戴芳澜，字观亭，湖北江陵人。1893 年 5 月 4 日出生在一个书礼世家的旧式大家庭里，兄弟辈排行第二。1913 年戴芳澜考入预备班，并于 1914 年赴美国威斯康星大学农学院学习，之后转到康奈尔大学农学院，获学士学位，其后又到哥伦比亚大学研究生院攻读植物病理学和真菌学，于 1919 年获得硕士学位。

◆戴芳澜致力于植物病理学研究

戴芳澜于 1920 年回国后，在广东省立农业专门学校任教。此后，受康奈尔大学的同学邹秉文之邀，到南京东南大学讲授植物病理学。1927 年，在金陵大学担任植物病理学课程的美籍教授博德回国，他被聘为金陵大学教授兼植物病理系主任。

1934 年，清华大学成立农业科学研究所。当时清华大学又聘戴芳澜担任该所植物病理研究室主任，适值俞大绂从美国学成归来，回到金陵大学接替了他在金陵大学的工作。戴芳澜自此离开金陵大学，先去美国纽约植物园和康奈尔大学研究院做了一年研究工作后，才到清华大学上任。

1952 年戴芳澜任北京农业大学植物病理学系教授，1953 年兼任中国科学院

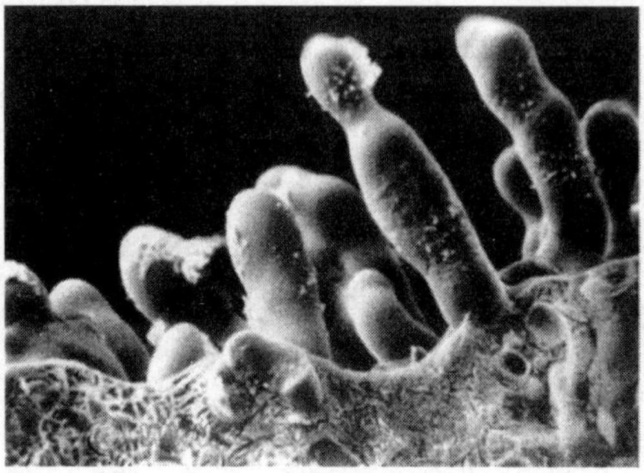

◆戴芳澜是中国近代真菌学奠基人

植物研究所真菌病害研究室主任，1956年任中国科学院应用真菌学研究所所长。从1959年起，他不再兼任北京农业大学的教授而专任中国科学院微生物研究所所长兼真菌研究室主任，一直到他1973年1月3日去世。

掀起你的盖头来

真菌可分为大型真菌、酵母菌和霉菌，它们属于不同的亚门。它既不属于动物界，也不属于植物界，而是自成一界，称为真菌界。真菌为典型的异养生物，它本身并不能合成自身生长所需的物质，需要从外界来吸收和分解有机物，供机体使用。

◆真菌

真菌是自然界的分解者，动物的排泄物及各种生物死后都要经过它的分解才能进行物质的再循环。

◆稻瘟病

真菌与人类的生活密切相关，它可应用于生活的各个方面。真菌为人类提供了许多营养美味的食物，它们其中有部分成员本身还是珍贵的药材；它可运用于发酵及食品工业，如酒、酱油、食醋等的制造；它可用于化工原料及医药的生产，如青霉素、柠檬酸等；它可用于生物冶金及煤的液化；它还能用于农业用杀虫剂的制造，如白僵菌、拟青霉等……

同时，真菌也给人类造成了很多危害：如农作物因感染真菌而造成的减产，如稻瘟病、小麦锈病、玉米黑穗病等；误食霉变及真菌感染的食物所致的食物中毒、癌变；因感染真菌而导致的各种癣病及过敏性疾病……

只有正确地认识真菌，才能更好地利用它，让真菌更好地为人类服务！

知识窗

异养生物

异养生物指的是那些只能将外界环境中现成的有机物作为能量和碳的来源，将这些有机物摄入体内，转变成自身的组成物质，并且储存能量的生物。

我能分解有机物
——腐生真菌

◆发霉的面包

生活中我们经常会遇到这样的情况：将面包暴露在空气中放置一段时间，它们就变质不能食用，而且它们的表面还生长有或绿或蓝的“面包霉”。这些“面包霉”究竟从何而来，它们又到底是什么？下面，让我们一起走进腐生真菌的世界。

腐生真菌

◆腐生真菌

在一个大森林中，每年每英亩(1英亩＝0.405公顷)土地上落下1～2吨的树叶与枝条，而在热带雨林中则为每年每英亩60吨。人类每天都在丢弃大量的垃圾。如果这些物质不能被腐化，那么整个地球就堆满了垃圾，我们的活动空间就会受到极大的限制，甚至我们将无立足栖身之地。腐生生物的重要性在这里就体现得淋漓尽致。有了它们，物质才得以分解、循环，植物才得以从土壤中获得养分。

腐生真菌是腐生生物这个大家庭的一员，它们是一类从无生命的有机质中吸收营养物质的真菌，这些有机质主要包括有动、植物的遗体、脱落的皮毛、排泄物、枯枝落叶等。一方面，腐生真菌能分解自然界中大量的有机物，从而保证了物质的循环；另一方面，腐生真菌腐蚀我们日常生活中的物质，对我们的生活造成了诸多不变。

在1克有肥力的土壤中，真菌数量的保守估计是 10^4~10^5个。

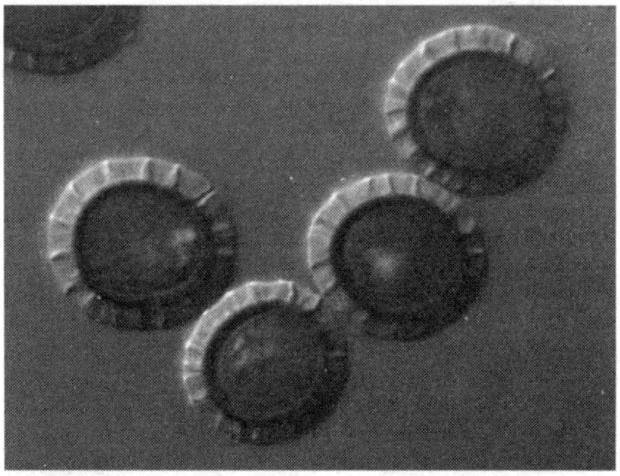

◆真菌冬孢子

腐生真菌大多数生长在土壤和动、植物残体的基质上，这些基质上富含各种的有机营养物，如糖类、脂类、核酸和蛋白质等，正是这些有机营养物的分解才导致了各种物质的腐化。

引言中提到的“面包霉”则是空气中的腐生真菌在面包上“落户”，通过分解面包中的有机成分，为机体所吸收，生长繁殖所产生的。各种食物都易被真菌感染。感染后的食物多表现为变色、变味，而且在大多数的情况下食物的腐化会产生大量的真菌毒素，不宜食用。空气中含有大量的真菌孢子，因此要将食物妥善地保存，防止霉变。

知识窗

物质循环是指植物吸收空气、水、土壤中的无机养分合成植物的有机质，植物的有机质被动物吸收后合成动物的有机质，动物、植物死后的残体被微生物分解成无机物回到空气、水和土壤中的连续过程。

知识库——如何更好地保存食物？

在前面的学习中，我们了解到真菌是一种存在于我们周围的数量极大的异

◆误食变质食品

◆真空包装

养生物，当环境条件适宜时，有些真菌便会在有机质上开始腐生生活。那我们平常没有吃完的食物应该如何保存才能避免真菌的侵犯呢?

食品发生腐败变质主要是由微生物引起的，因此预防微生物的污染与防止微生物的繁殖是预防食品腐败变质的关键。

可以从以下几个方面入手。

除去与杀灭微生物。食品在加工、储藏、运输、销售的过程中完全避免微生物的污染几乎是不可能的，食品的原材料中也或多或少地存在着微生物，清除与杀灭微生物的目的在于去除致病菌与腐败菌，以减少对人体的伤害。主要的方法有热处理和辐射杀菌，如微波加热等。

控制微生物的繁殖。微生物的生长需要一定的条件，当条件不利时，微生物可停止生长或死亡，因此可以通过控制食品的储藏条件达到延缓食品腐败的目的。主要控制的因素有保持干燥、通风的环境，或是直接采用真空包装，冷藏、冷冻，盐腌、熏制等。

腐生真菌与物质循环

分解作用就是将有机物分解为无机物或矿物元素，将其释放到自然环境中去。而腐生真菌之所以能对有机物进行分解，主要是在于它们能分泌一种消化酶，这些消化酶进入环境后可将某些特定的有机大分子分解成简单的小分子，使之成为能被菌体吸收的物质从而进入菌体自身的代谢，最后降解为二氧化碳等产物，回到自然界中，完成一个循环。

以二氧化碳为例，植物光合作用所需的二氧化碳主要来源是大气，而空气中的二氧化碳含量是有限的，那空气中的二氧化碳含量是如何保持在0.03%不变的呢？它补给的来源又是什么？一方面，动、植物呼吸作用的产物、化石燃料的燃烧产物二氧化碳都回归到大气中；另一方面，微生物的呼吸作用是补给的主要来源。据估计，土壤微生物每年产生 63.9×10^{9} 吨二氧化碳，其中来自真菌的约占13%，为物质的循环作出了重要的贡献。

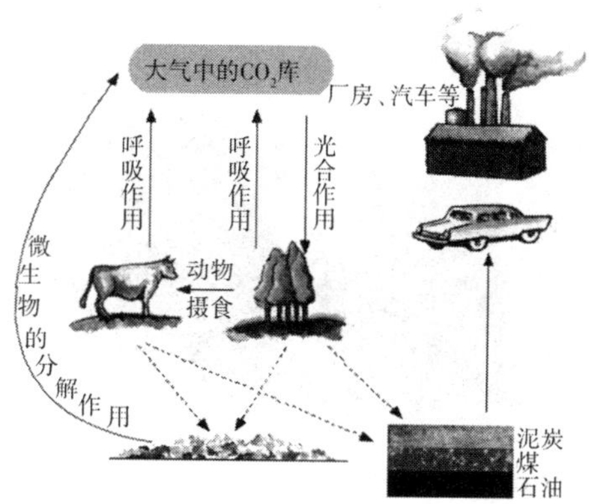

◆碳循环

广角镜——土壤有机物的分解

◆分解的有机物可供自身生长，也可供其他生物使用

有机物进入土壤后被真菌等微生物分解，向两个方向转化：一是把复杂的有机质分解为简单的化合物，最终变成无机化合物，即矿质化过程；二是把有机质矿化过程形成的中间产物合成为比较复杂的化合物，即腐殖化过程。

矿质化过程是指在进入土壤的有机物微生物分泌的酶作用下，有机物分解为最简单的化合物，最终变成二氧化碳、水和矿质养分，同时释放出能量。这种过程为植物和微生物提供养分和活动能量，有一部分最后产物或中间产物直接或间接地影响土壤性质，并提供合成腐殖质的物质来源。这些有机质包括糖类化合物、含氮有机化合物、含磷有机化合物、核蛋白、磷脂、含硫有机化合物、含硫蛋白质、脂肪、单宁、树脂等。土壤有机质的矿化过程，一般在富含氧气的条件下进行速度快，分解彻底，放出大量的热量，不产生有毒物质；在氧气不足的条件下，其进行速度慢，分解不彻底，放出能量少，分解产物除二氧化碳、水和矿质养分外，还会产生还原性的有毒物质，如甲烷、硫化氢等。

◆富含矿质养分的深海泥

◆腐殖质

腐殖化过程是在土壤微生物所分泌的酶作用下，将有机质分解所形成的简单化合物和微生物生命活动产物合成为腐殖质。在一定条件下，腐殖质可与矿物质胶体结合为有机无机复合胶体。腐殖质在一定的条件下也会矿质化、分解，但其分解比较缓慢，是土壤有机质中最稳定的成分。

愿与你结合成一体
——共生真菌

◆地衣

张智成在“Easy Come Easy Go”中唱到“没有谁没了谁就不能活”，然而在真菌的世界中却不完全成立，有一类真菌必须与其他有机体结合，方能生长。那么，为什么要结合方能生长？又为什么要“非卿不娶”？

地衣

许多人都认为地衣是一种植物，其实不然。地衣是一种“混合物”，它是由真菌与藻类组成的。地衣虽为地之衣，但却少见直接生长在地面上，而是多生活在各种表面上，如土壤、树木、岩石和墙上。它们甚至会在一些环境恶劣的地方生长，如沙漠、海拔数千米的高山和接近极地的冻土，但是却不常见于空气质量差的城市，因此有科学家将地衣列为评价城市空气质量的指标。

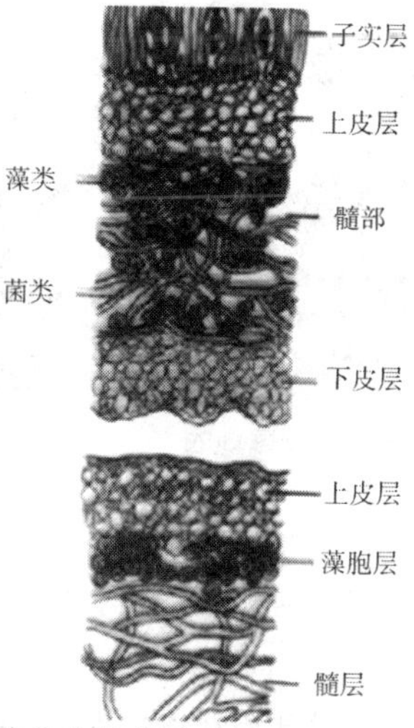

◆地衣的构造

地衣是真菌与藻类结合而发展成不同于两个合作者的形态学类型，这种合作者称为共生体。共生体中的藻类和真菌分工不同：真菌负责吸收水分和无机盐，而藻类则负责进行光合作用制造营养。它们以这种传统的“男主外，女主内”的形式走过了无数个春秋。

地衣的结构一般可分为上皮层、藻胞层、髓层和下皮层。上、下皮层是由菌丝紧密交织而成，下皮层一般能长出假根。藻胞层位于上皮层的下部，在排列疏松的藻胞层之间夹杂着许多藻细胞。藻细胞的下面称为髓层，它是由疏松而粗大的菌丝体交织而成，专门贮存空气与水分。

留心观察，看看在你生活的社区能发现地衣吗？它们一般在什么样的环境中生长？

点击——地衣的生长类型

◆文字衣属地衣

生物学家依据地衣的外部形态和内部的构造，简略地将地衣分成3种基本的生长类型：壳状地衣、叶状地衣，以及茎状（枝状）地衣。

1. 壳状地衣

壳状地衣体呈粉片状、颗粒状、面包皮状或小鳞片状，有各种颜色，如灰色、黄色、橙色、褐色等。叶状体很薄，以菌丝牢固地紧贴在基质上，有的甚至伸入基质中，无下皮层，因此很难从基物上剥离下来。壳状地衣约占全部地衣的80%。常见的如茶渍属、网衣属、文字衣属等。

2. 叶状地衣

叶状地衣体叶呈片状，无裂片，有或宽或窄的裂片。大多具下皮层，叶状体

◆脐衣属地衣

◆石蕊属地衣

以假根或脐较疏松地固着在基质上，有的在下皮层形成脐，以固着于基质上，易与基质剥离。最常见的代表如梅衣属、地卷属、皮果衣、脐衣属等。

3. 枝状地衣

枝状地衣个体呈树枝状，直立或下垂，仅基部都附着于基质上，如直立的石蕊属，悬垂分枝于树枝上的松萝属。此外，还有介于中间类型的地衣，有的呈鳞片状，有的呈粉末状。

昆虫共生真菌

一些真菌可以和昆虫形成共生关系，昆虫寄生菌既可发生在昆虫的体内，也可发生在昆虫的体外，根据真菌与昆虫共生的位置，可将真菌分为内共生真菌与外共生真菌。

昆虫内寄生菌主要包括一些细菌和酵母菌，它们主要发生在昆虫的消化道等部位。内生的条件为真菌提供了一个充满养分的环境，而内共生真菌也为昆虫提供一些它们所缺乏的维生素（特别是维生素 B 族）和部分氨基酸。

在热带及亚热带地区存在这种隔担耳属的担子菌，它不但可以与介壳虫发生外共生的关系，还能直接寄生在树木上。该种属的担子菌在树皮上生长，形成许多多孔道的腔室，当介壳虫占有这些腔室时，就与该担子菌形成共生关系。一方面，介壳虫为担子菌提供营养；另一方面，被侵染的介壳虫从该菌种中获得某些物质，而且它们的寿命较正常介壳虫长。

知识窗

蚂蚁与真菌

蚂蚁是陆地生态系统中种类和数量最为丰富的动物类群，其中一些类群的蚂蚁与真菌形成古老的共生关系，成为著名的菌食性昆虫。蚂蚁与真菌间的共生关系已具有长达5000多万年的协同进化历史，迄今已知的与真菌共生的蚂蚁主要为爱特蚁族和火蚁族的种类。

菌根

◆显微镜下的菌根

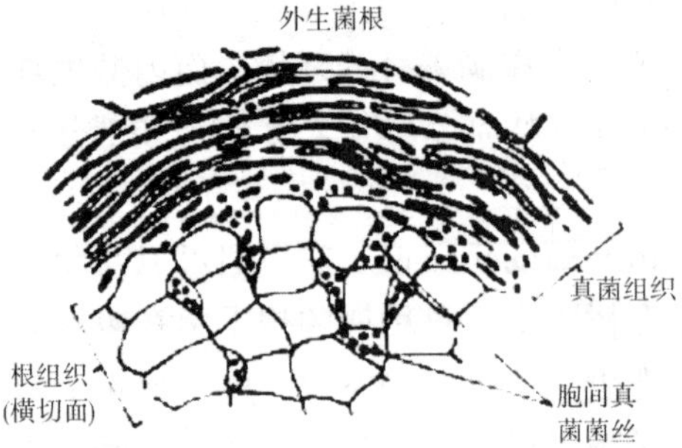

◆外生菌根

某些植物的根和真菌也能形成共生关系，与真菌共生的根称为菌根。根据真菌的菌丝是否侵入到根的表面和皮层细胞中，可将菌根分为外生菌根、内外生菌根和内生菌根3种。外生菌根的真菌菌丝体紧密地包围于植物幼嫩的吸收根形成致密的鞘套；内生菌根的特点是真菌的菌丝体主要存在于根的皮层细胞间和细胞内，共生的植物仍保留有根毛；而内外生菌根则是内生和外生菌根的过渡类型，并具有两者的一些特征。

植物的根和真菌也能形成共生关系，一方面，植物根部供给真菌糖类、氨基酸等有机养料；另一方面，菌丝将吸收到的水分、无机盐等供给植物，菌体产生的植物激素和维生素B族等物质能促进根系的生长。

具菌根的植物在没有真菌存在时不能正常生长，因此造林时须事先接种和感染所需真菌，以利于荒地上成功造林。

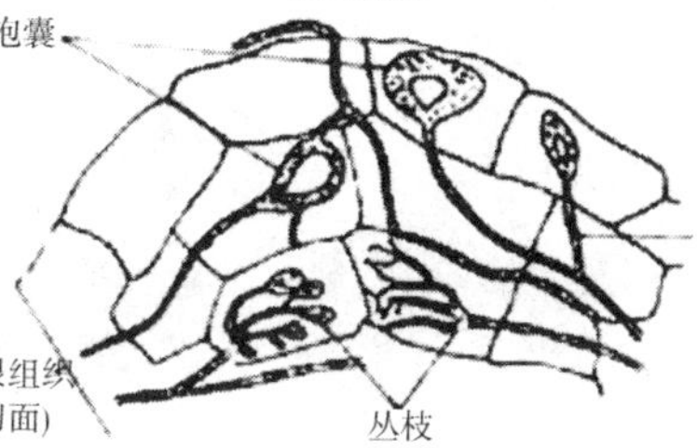

◆内生菌根

广角镜——菌根菌的功能

菌根菌的共生通常伴随着益菌产生，这些益菌可预防病原菌的侵害。由于这些益菌占据了根圈附近有利的生态地位，因而阻隔了病原菌的增生。

真菌菌丝的分泌物使土壤粒子团粒化而改善了土壤结构，而且当真菌菌丝分解后，产生的有机物质有利于土壤中的分解细菌的存活，使得整个土壤中微生物的组成达到一种动态平衡。然而，在恶劣的土壤条件下，菌根菌最重要的功能在于改良土壤结构。

◆一种菌根菌——晶粒鬼伞

菌根最主要的功能在于增强植物对养分，尤其是磷肥的吸收能力。磷本身具有不溶解性，在土壤中常被固定，属于较不易移动的离子。由于磷的这种特性，当根系周遭的磷耗尽，植物将会产生养分缺乏的情况。而菌根所产生的菌丝可伸展超出此区域，进而利用原本吸收不到的磷。可是许多学者却发现在土壤养分优沃的状态下，菌根的发育却是受到压抑的。

增进水分吸收能力以增强植物的抗旱性，则是菌根的另一项功能。生物学界

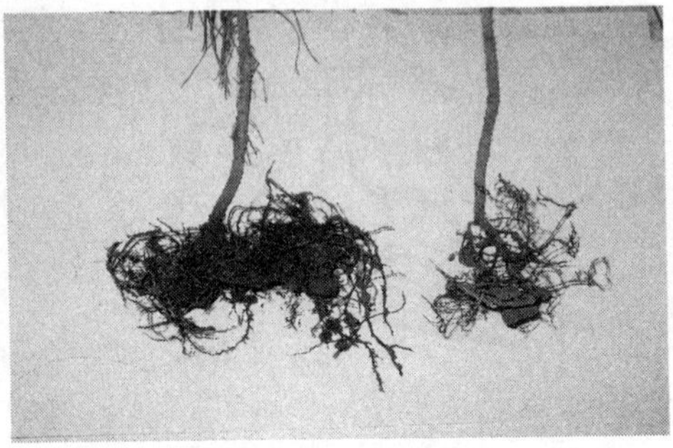

◆（左）菌根苗（右）非菌根苗

◆菌根菌增大根的吸收面积

已有许多的理论可用来解释它产生作用的机理。它可能是藉由磷浓度的调节而进行，藉由增加磷的吸收，亦促进水分的吸收与蒸散作用；亦有人认为可能是菌丝增加了植物根部的吸收面积；此外也有报告指出可能是菌根使植物产生了生长调节剂，而改变了植物本身的生理机能。

真菌在帮助植物生长的同时，亦能从植物体中获取自身所需的糖类与氨基酸等，良好的共生关系促使菌根菌得以迅速拓展，进而增加植物抵抗逆境的能力，形成大自然中菌类与植物间相辅相成、密不可分的微妙关系。

爱在你体内寄生——寄生真菌

寄居于他人之处多少会产生寄人篱下之感，总是不愿意为主人增添麻烦。可是寄生真菌可不这么“想”，它只要保证自己过得好就可以了。宿主是怎么想的，它可全然不管。而且，寄生真菌黏人的功夫已练得炉火纯青，很多时候，宿主很难摆脱它的侵扰。

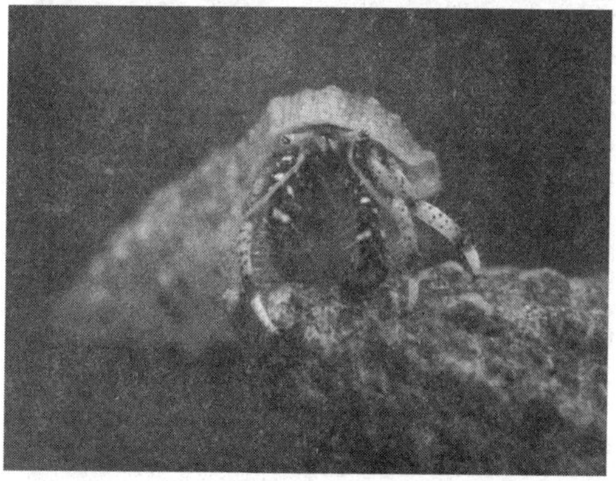

◆寄居生活

寄生真菌

寄生真菌是侵入活体动、植物，并从宿主身上摄取营养，在其体内生长繁殖，对宿主产生危害的一类真菌。寄生真菌就像是坐吃山空的败家子，自己不劳动，只想单纯地依靠宿主的养分，对宿主不闻不问，只管自己吃喝，更可恶的是它黏人功夫一流，一旦被它“盯上”就很难摆脱其魔爪。

◆寄生真菌——木耳

寄生真菌的宿主们

◆被真菌杀死的纺织娘

◆宠物易受真菌感染

在日常生活中，真菌和人类接触的机会比较多，但是它们对正常人体的致病力比较弱。在人体内，如消化道、呼吸道等，时常有真菌栖息，但是在一般情况下很少或基本不致病。原因是高等生物的致病菌比较少，有宿主的专一性，目前尚没有关于人类专一性寄生真菌的报道。可是，当人类机体较虚弱时，免疫力与抗病力就比较低，患上真菌性疾病的机会就比较多。

然而，其他的动物就没有那么幸运了，它们之中几乎没有一种能够逃脱被寄生性真菌侵染的可能性，再加上它们并没有医疗的支持，想摆脱寄生真菌的侵扰更是难上加难。患病的动物轻者仅为轻度的表皮感染，重者则会迅速死亡。许多寄生真菌能够寄生在昆虫和其他节肢动物上，在农业上，我们可以利用此类真菌特性将其应用于生物防治剂。

广角镜——蚂蚁墓地

有一种在树上栖息的蚂蚁，它通过到森林的地面啃食一些小树叶生存，若食入的树叶上含寄生真菌的孢子，真菌就会在其体内生长。尽管蚂蚁很快就会死掉，但真菌的工作并没有全部完成。这种寄生的真菌会在蚂蚁的外壳中宿营，并长出一根茎来（如右图所示），从而最终释放孢子，以形成更多的“蚂蚁坟墓”。在泰国的森林中随手翻过一片树叶，你或许就能够发现一个蚂蚁的墓地。

◆蚂蚁坟墓

寄生于植物的微生物类型有很多，包括真菌、细菌、病毒、线虫等，而其中真菌引起的感染是最普遍的，造成的损失也是最大的。我们所熟悉的农作物，如麦、稻、蔬菜和果树等，大多数容易受真菌侵染发生病害。植物生病后，新陈代谢会发生一定的改变，从而使其外在表现得不正常，如坏死、变色、畸形等。在美国，对各种疾病而言，农作物年损失约为几亿美元，其中由农作物疾病而引起的减产造成的损失约为10%；对于那些落后的国家，则有可能因植物的流行疾病而导致饥饿与灾难。

◆真菌引起的稻瘟病菌

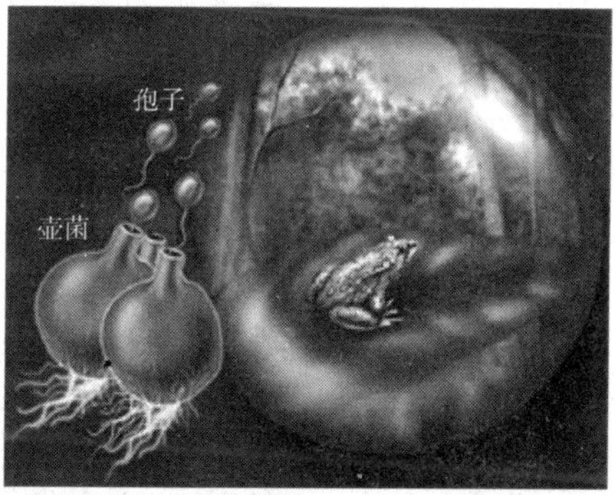

◆能寄生在动物体内的壶菌

真菌作为寄生菌是十分活跃的，甚至连同类也不放过——真菌本身也能在寄生关系中作为宿主被其他的真菌寄生。许多真菌间都存在这种寄生关系，寄生真菌以牺牲宿主真菌为代价直接依赖宿主进行生存。“本是同根生，相煎何太急！”

视角——强中自有强中手

◆滨螺

◆一种蚂蚁名为（Atta cephalotes）正在照看自己的真菌

◆被真菌侵染的植株

真菌作为一种寄生菌，生命力及抗逆性都比较强，那么，它们是个中高手，还是独孤求败？

俗话说，一山还比一山高，强中更有强中手。阴阳双生，相生相克。下面，我们一起来看看其中两种战胜真菌的动物。

据《国家科学院通报》报告，滨螺在大米草植株上啃出口子，使得植株的抵抗力降低，容易受到真菌感染。滨螺在草叶伤口中排下的粪便，使伤口越发容易成为真菌滋生的温床。一段时间后，滨螺会回到这片“农场”，享用里面长出的真菌。

滨螺是一种体长为 2.5 厘米左右的小蜗牛，习惯与常见的海岸杂草大米草（Spartina）共生。人们一向认为大米草是滨螺的食物，但布朗大学的科学家在实验中发现，如果只给滨螺喂食这种苦涩的野草，滨螺会日渐瘦弱下去。进一步观察发现，滨螺并不以大米草为食，而是将它用作“种植”真正的食物——真菌的“农场”。

蚂蚁在与真菌的较量中并不是都以失败告终的。在西半球，有超过 200 种蚂蚁在耕作着“庄稼”，它们会一丝不苟地为地下巢穴中美味的白色菌丝施肥、清洁和除草。并且一项新的研究成果表明，这些蚂蚁会随着时间的流逝更新它们种植的庄稼，就像人类的农民将远古的二粒小麦换成现代品种一样。

环境与寄生真菌

◆真菌易在湿度大的地区生长繁殖

寄生真菌的顽固性在于它的寄生关系多发生在湿度较大，空气不易流通的地方。当然，影响真菌寄宿的环境因素还有许多，而温度和湿度则是关键。寄生真菌一旦侵染，很难完全清除，如若粗心大意，很容易死灰复燃。另外，随着社会上饲养宠物成为一种潮流，人类真菌病的发病频率也在升高。应避免与患病的动物过多接触，即使不小心发生接触也要注意事后的清理，避免引起交叉感染。

绝招是捕食“陷阱”——捕食真菌

◆捕食

捕食真菌？会捕食的真菌？会捕食小的动物的真菌？是的，有这样一类真菌，它能够对小的动物进行捕食，然后“消化”它。那么，它是如何进行猎食行动的？又是凭借什么“捕获”食物的呢？下面，让我们一起探索。

捕食真菌

◆苔藓植物上就有捕食真菌

有这样一类真菌，它们依靠菌丝体构成的特殊陷阱来捕杀小的原生动物，如线虫等，并以之为食。它们就是捕食性的真菌。不要觉得惊奇，其实，在我们身边很容易就能找到它的身影，如土壤、水陆两栖的动、植物体上，尤其是在苔藓植物上很容易找到。

其实，捕食性真菌是寄生菌的一种，与其他寄生菌的不同之处在于它们在入侵动物之前首先要捕食动物，然后再侵入宿主。捕食真菌主要分布在接合菌纲的捕虫霉目和丝孢纲的丛梗孢科中，也可在担子菌纲、卵菌纲、壶菌纲中找到。

想一想查一查

捕食性真菌作为寄生菌的一种具有什么样的特性？它又是依靠什么进行捕食的？

捕虫霉目的捕食真菌

捕虫霉目中的大量真菌捕食变形虫、根足虫和线虫，或者寄生在这些动物的体内或是体外。菌体是由菌丝体构成的，这些菌丝体呈不规则的分支状，并含有一种黏性的物质，以黏附被捕食的动物。菌体将吸收器官侵入被捕获的动物体内，从死亡或是正在死亡的动物体内吸取营养物质。

视野——一样不平凡的捕食性植物

我们将具有捕食昆虫能力的植物称为食虫植物。食虫植物一般具备引诱、捕捉、消化昆虫，吸收昆虫营养的能力，甚至捕食一些蛙类、小蜥蜴、小鸟等小动物，因此也称为食肉植物。

◆猪笼草

猪笼草是一种十分独特的食虫植物。全世界有120种以上的猪笼草，原产于印尼、菲律宾、东南亚国家等气候炎热潮湿、地势低洼的地区。猪笼草的形状体态宛如一个诱捕昆虫的陷阱。它的瓶状

◆维纳斯捕蝇草

叶（或花冠）可以捕食小昆虫和蜥蜴。猪笼草的叶片会分泌一种特殊物质，这种物质覆在猪笼草瓶状花冠的内壁上，并与猪笼草根部吸收来的水混合。昆虫或小型动物嗅到混合汁液的气味会前来吸食。当它们落入瓶状花冠中后，就会困在其中无法逃脱，并最终成为猪笼草的养料。

维纳斯捕蝇草是一种非常美丽食虫植物，也是自然界最著名的肉食植物，其叶片上长有许多细小的触角。一旦有物体碰到捕蝇草，叶片会自动收拢并将外来物体包夹于其中。维纳斯捕蝇草叶片的合拢速度奇快，时间不到1秒。维纳斯捕蝇草分布的地理范围十分狭小，它们仅存在于美国北卡罗来纳州与南卡罗来纳州海岸部分地区。随着目前人工栽培技术发展，这种植物也越来越多被人们接受。

丛梗孢科的捕食真菌

丛梗孢科的捕食真菌主要捕食线虫，但与捕虫霉目的捕食真菌不同，这些真菌不是专性的捕食菌，可以在没有可捕食的动物的情况下进行腐生生活。它们通过大量的菌体特殊结构来捕获动物。

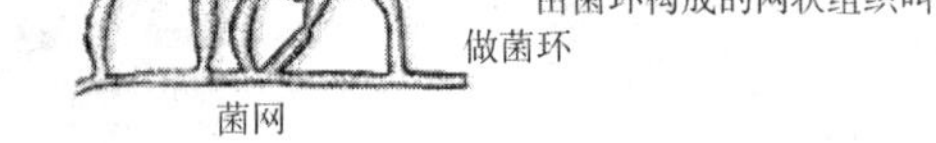

捕虫真菌由菌丝分枝形成圈环结构，用于捕捉线虫

由菌环构成的网状组织叫做菌环

◆菌环和菌网

黏性器官。一些捕食线虫的真菌，可以形成许多卷曲的侧枝而与菌丝体相互缠绕构成菌环或菌网，线虫被环上的黏液粘住或者被网缠住，使得线虫的逃离变得十分困难。菌丝侵入线虫并在它的体内形成一个很大的球形结构，然后在该结构上产生大量的菌丝体并填满线虫体腔，进而用尽线虫体内的养分。另一种捕获器官，是在菌丝侧枝的顶端产生的近似球体的节。线虫在接触到这些黏的节的时候便被捕捉，在挣扎的过程中会碰到更多的节并被紧紧困住，直至精

疲力竭，被菌丝侵入。

菌环。此菌环不同于彼菌环。这里提到的菌环与上述黏性器官中的菌环其捕获原理不尽相同。此菌环是由可弯曲的菌丝闭合而成的圆形菌环，当线虫试图穿过菌环时，菌环的迅速缩短，这样就使得线虫被紧紧地束缚在菌环中，导致线虫的麻痹和死亡，继而吸取其养分。

链接——捕食线虫真菌

在线虫和真菌复杂的相互关系中，除了一类线虫可以通过喙针从真菌上取得营养之外，还有一类真菌，它可以捕食、寄生或定殖于线虫上，称为食线虫真菌。而在食线虫真菌中，专门有一类真菌，它们通过营养菌丝特化的捕食器官来捕捉线虫，这一类食线虫真菌称为捕食线虫真菌。

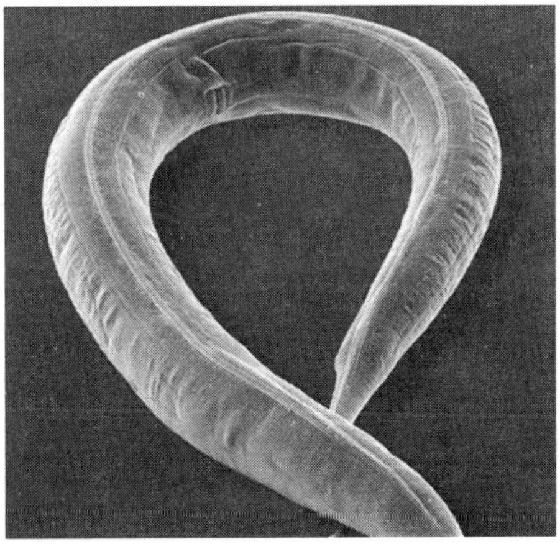
◆线虫

捕食线虫真菌的常见捕食器官的结构为黏性菌丝、黏性分枝、黏性网、黏性球、非收缩环和收缩环等6种。

1. 黏性菌丝

一些真菌的菌丝表面有一层黏性物质，线虫可以在任一位点上被粘着。这是捕食性接合菌的唯一捕食器官，如捕虫霉目的梗虫霉属（*Stylopage*）和泡囊虫霉属（*Cystopage*）两属。

2. 黏性分枝

一些真菌的菌丝可以产生短的直立的分枝，分枝表面有黏性物质。这些分枝又可相互融合形成二维的网状结构。半知菌中的个别种如 *Dactylella cionpaga* 具有这一捕食器官。

3. 黏性网

一些真菌的菌丝产生的分枝可以相互融合形成三维的立体网状结构，并且其表面有一层黏性物质。大多数捕食线虫真菌具有这一器官。

4. 黏性球

一些真菌的菌丝上产生有柄或无柄的黏性的球，这些黏球是单细胞的。在半

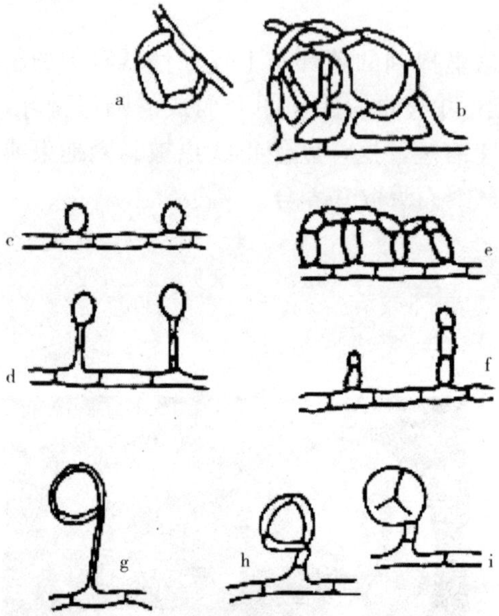

◆捕食器官

a、b 黏性网　c、d 黏性球　e、f 黏性分枝

g 非收缩环　h、i 收缩环

知菌隔指孢属（*Dactylella*）和指孢属（*Dactylaria*）中的几个种具有这种捕食器官，而担子菌毒虫霉属（*Nematoctonus*）中的几个种的黏球呈滴漏形。

5. 收缩环

这一捕食器官也是由菌丝分枝细胞融合形成的 3 个细胞的环，当线虫进入环时，刺激环的细胞迅速膨大，将线虫死死卡住。半知菌的某些种具有这种捕食器官。

6. 非收缩环

一些真菌其菌丝分枝，可以形成 3 个细胞的环，但环的细胞不会膨大，线虫被动地进入环中受到捕捉。这一捕食器官常伴有黏性球。半知菌中的某些种具有这种捕食器官。

会长霉的真菌——霉菌

看这霉菌一家子，在找到安家落户之处后，就集体围坐在火堆旁开始商讨如何开拓市场，最后经过全体代表投票表决，通过了以下决议：团结亲友，共同努力，发展生产！

◆霉菌

霉菌

霉菌，从字面上理解，意为“发霉的真菌”，是丝状真菌的俗称。菌体呈丝状，丛生，往往能形成分枝繁茂的菌丝体。霉菌的种类很多，常见的有毛霉、根霉、青霉和曲霉等。在温暖潮湿的地方，许多物品上会长出一些肉眼可见的呈絮状、绒毛状或蛛网状的菌落，即为霉菌的菌落。

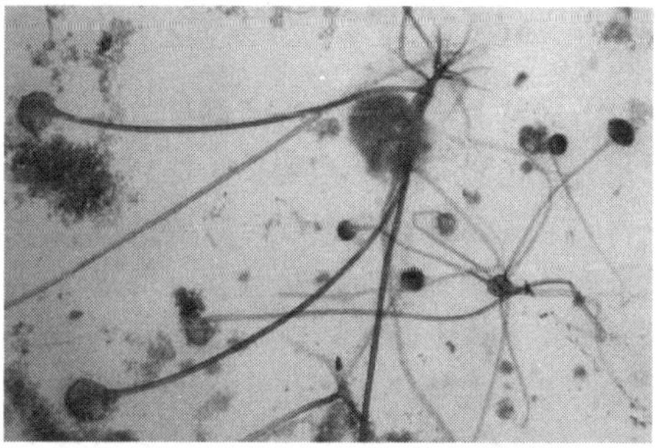

◆根霉

构成霉菌的基本单位是菌丝。菌丝是一种管状的细丝，放在显微镜下观察，可以看到，它很像一根透明的胶管。菌丝的直径一般为3～10微米，比放线菌和细菌的细胞粗几倍到几十倍。菌丝可伸长并产生分枝，许多分枝的菌丝相互交织在一起，就叫菌丝体。

◆曲霉

所谓的“发霉”的过程，即是霉菌生长的过程。霉菌有着极强的繁殖能力。只要条件适宜，霉菌依靠菌丝体上的任一片段都能发展成新的个体。但是在自然界中，霉菌主要还是依靠产生各种无性或有性的孢子进行繁殖。霉菌的孢子具有小、轻、干、多，且形态色泽各异、休眠期长和抗逆性强等特点。霉菌个体所产生的孢子数十分巨大，通常是成千上万个，有时竟达几百亿、几千亿甚至更多。

小知识——蓝光杀灭霉菌孢子

德国联邦营养与食品研究所于2010年5月发布的一项研究显示，特定波长的蓝光能杀死80%的赭曲霉孢子，从而有效地抑制霉菌生长繁殖。这一成果有望用于解决霉菌造成的食物腐烂问题。

◆特定波长蓝光能杀灭霉菌孢子

霉菌与大多数生物体一样有自己的生物钟，能够调节其生长繁殖和新陈代谢的节奏。联邦营养与食品研究所的研究人员以赭曲霉为研究对象，设想通过光照改变其生物钟，从而抑制其生长繁殖。通过实验，研究人员证实了波长为450纳米的蓝光对赭曲霉的生长繁殖具有显著的抑制效果，并且能杀死其80%的孢子。此外，他们还发现黄光和绿光能够促进霉菌生长。

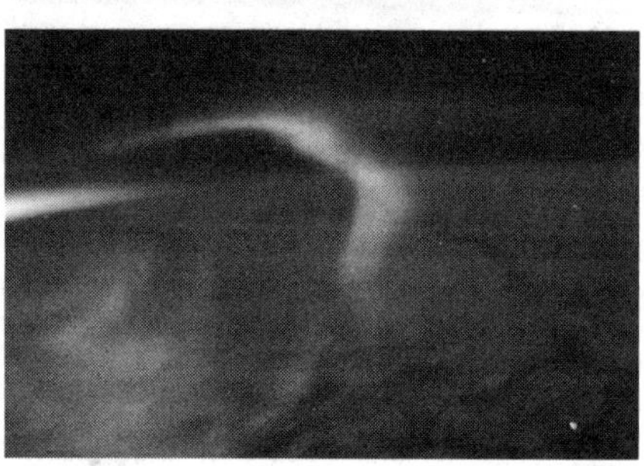
◆光对霉菌生长的影响

霉菌与人类

霉菌的繁殖能力极强，能产生许多休眠期长和抗逆性强的孢子。这些特点对人类的实践来说，有利于接种、扩大培养、菌种选育、保存和鉴定等工作；不利之处则是易于造成污染、霉变和易于传播动植物的霉菌病害。

◆美丽的霉菌

◆在日常生活中注意防霉

霉菌可用来生产工业原料，如柠檬酸、甲烯琥珀酸等；可用于食品加工，如酱油、鱼露的酿造等；可用于抗生素的制造，如青霉素、灰黄霉素等；还可用于农药生产，如白僵菌等。同时，霉菌也能引起工业原料产品以及农林产品的发霉变质。还有一部分霉菌可引起人与动植物的病害，如头癣、脚癣及番薯腐烂病等。

◆霉变的玉米

霉菌在侵染食物的过程中，会产生一些毒素，如若误食，将会中毒。黄曲霉中毒事件最初于 1960 年开始报道——在英国有 10 万只火鸡雏发生死亡，当时病因并不明确。后来经过多方面的研究实验证明，该病是由于喂饲霉变花生饼粉所致，

◆防止水龙头滴水

并从霉变花生饼粉中检出黄曲霉菌，及其有毒代谢产物——黄曲霉毒素。

霉菌易隐藏在潮湿的地方，如：浴室、卫生间、橱柜、水池附近。在日常生活中，为避免家中出现霉菌，要做到：经常通风，特别是卫生间和浴室等封闭空间，保持家中干燥；定期检查水龙头、水管，防止漏水为霉菌提供生长环境；及时清理家里的瓶瓶罐罐，防止其中的残余物质发生霉变。

小贴士——墙壁霉菌危害

霉菌污染，特别是墙壁霉菌正在严重侵害人们的身体健康。人们容易忽视我们身边正在发生的霉菌污染，请看下面摘自美国知名媒体《商业周刊》、《新闻周刊》的真实案例。

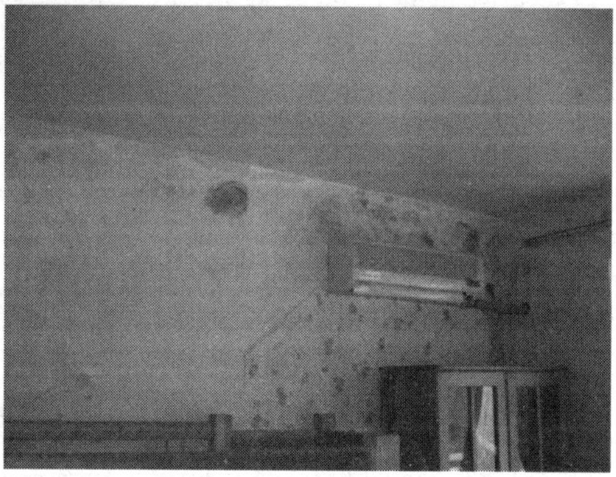
◆墙壁发霉

案例 1

美国纽约的卡伦贝尔老太太从未想到，她所居住的公寓竟然差点夺走了她的性命。15 年来，她一直住在同一间公寓里，但身体和精神状况却变得越来越差，令人困扰的是找不出病因。1998 年春天，她的体重降了近 14 千克，经历了 3 次休克，只能虚弱地躺在床上，而且必须请护士在家看护。当护士闻到卧室衣橱里一股强烈的发霉味道时，终于真相大白——原来是家里高浓度的霉菌让老太太产生了中毒反应。

案例 2

从事饭店管理工作的尼克，曾经发现饭店内有严重的漏水情形。虽然日前他已离职，但因长期吸入饭店中潮湿发霉的空气，他的肺部纤维化，肺功能几乎损失一半，且必须终身服用至少十多种药物来维持生命。

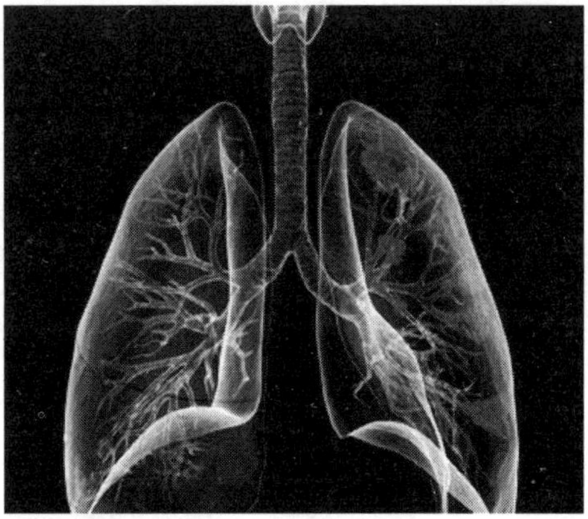
◆肺部病变

这些刊登在美国知名媒体《商业周刊》、《新闻周刊》的真实案例，让许多人对平日忽视的霉菌彻底改变了看法。因为造成发霉现象的霉菌，不但会释放出过敏物质，引发过敏，有些毒性强的霉菌，更会引起严重的肺部病变，甚至死亡。由此可以看出，霉菌污染严重地威胁着人们的身体健康，影响着人们的生活质量。

单细胞真菌——酵母菌

◆酵母发酵食品

酵母菌是典型的单细胞真菌，且独自生活还能冒出幸福的气泡，确实不多见。不相信？那你仔细观察那烘烤的面包和新鲜出笼的馒头，那“字里行间”的空隙，就是最好的证明。抑或是发酵中的啤酒，那溢出的气泡，就是酵母菌的幸福。

酵母菌

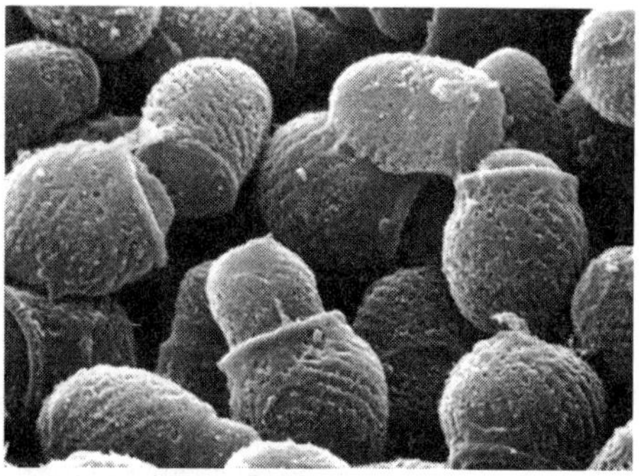

◆显微镜下的酵母菌

酵母菌是单细胞真菌的代表，具有典型的单细胞结构。但是酵母菌不是一个自然的分类群，它们是具有某些共同基本特征的不同类群。酵母菌必须以有机碳作为主要的碳源和能源，因此，多数的酵母可以分离于富含糖的环境中。

酵母菌在自然界中分布广泛，主要生长在偏酸性的潮湿含糖环境中。它主要以腐生或是寄生生活；根据其是否需要氧气，酵母菌又分为专性或兼性好氧，目前还没发现专性厌氧的酵母菌。在缺乏氧气的环境中，发酵型的酵母通过将糖类转化成为二氧化碳和乙醇来获取能量。酿酒过程缺乏氧气，酵母菌采用以上方式获取能量，最终乙醇被保留下来形成我们所需要的产物。在有氧气的环境中，酵母菌则将葡萄糖转化为二氧化碳和水，我们食用的馒头、面包都是由于酵母菌在有氧气的环境下发酵产生二氧化碳发生膨胀的。

动动手——发面

原料：酵母 1 茶匙（5 克）、温水 50 毫升、面粉 200 克、和面的水约 150 毫升。

做法：

1. 将酵母倒入温水中，搅拌均匀后放置 5 分钟。

2. 在大碗中放入面粉，将酵母水慢慢分次倒入，边倒水，边用筷子搅拌，直到看见面粉开始结成块。

3. 此时用手反复搓揉，待面粉揉成团时，用湿布或者保鲜膜将大碗盖严，放在温暖的地方，静置 1 小时左右（冬季需要 2 小时左右，如放在暖气边，则是 1 小时）。

4. 面团膨胀到两倍大，且内部充满气泡和蜂窝组织时，发面就算完成了。

5. 要想蒸出好的馒头，最好此时能用手继续揉压面团，将里面的空气挤出，然后盖上保鲜膜或湿布，待面团再次膨胀后，再用于馒头、包子、发面饼、豆包等的制作。

◆倒入酵母水

◆醒过的面

酵母菌的细胞循环

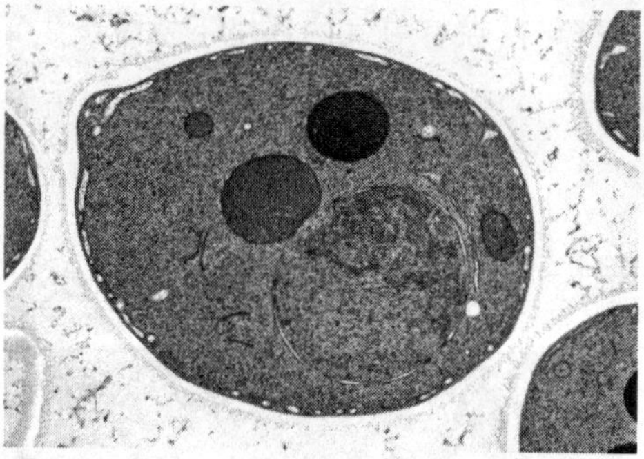

◆酵母菌

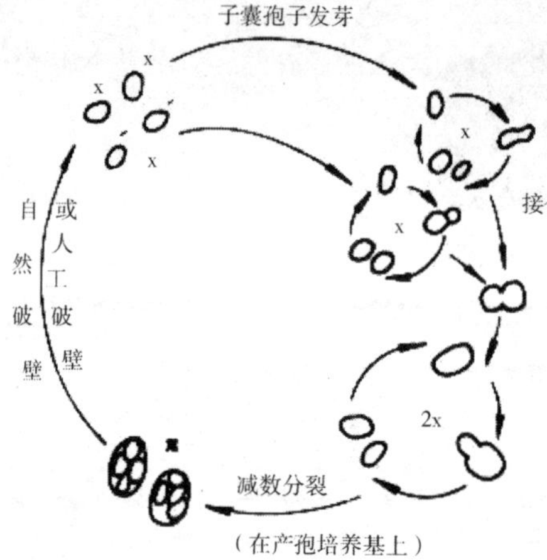

◆酵母菌的生活史

酵母菌的繁殖方式有无性和有性繁殖两种。酵母可以通过形成子囊孢子进行有性繁殖，也可以通过出芽进行无性繁殖。其中，有性繁殖需要在一定的营养和环境条件下才能发生，即酵母菌需要在良好的自身及环境条件下才能进行有性繁殖，因此，酵母菌的有性繁殖往往需要诱导培养才能发生。当酵母菌自身营养状况不好时，一些可进行有性繁殖的酵母会形成孢子，在条件适合时再萌发。

而无性繁殖对环境及自身的要求比较低，只要环境条件适合，就会从母体细胞上长出一个芽体进行繁殖，逐渐长到成熟大小后以产生隔膜的方式与母体分离。然而，在酵母菌的出芽繁殖过程中，芽体往往不与母体脱落而又继续出芽。

点击——酵母制品

1. 酵母片。酵母片又称食母生，是用面包酵母或啤酒发酵后的酵母细胞，经烘干，将细胞全部杀死的死细胞制品。酵母片的外观呈浓黄色或棕色，制剂有片剂、颗粒剂。酵母片中富含维生素 B_1、B_2、B_6、B_{12} 及叶酸、肌醇等，其作用基本上与复合维生素B相似，主要用于维生素B族缺乏症，如脚气病、多发性神经炎、糙皮病及营养不良引起的维生素B族缺乏等。对消化不良或食欲不振等症，作用极其微弱，它只是通过补充机体维生素B族缺乏，来促进消化代谢。

◆酿酒酵母

2. 茶酵母。在台湾冻顶山区，人们在制作乌龙茶时，首先会将茶杀青，之后进行低温发酵，发酵之后，酵母菌便功成身退，沉淀在底部。不过这时候的酵母菌早已吸收了乌龙茶的精华养分，将其捞起经过洗净、消毒、干燥等再制造过程，就成了茶酵母。茶酵母的主要作用有减肥、降脂、消除便秘等。

3. 富锌酵母。富锌酵母就是在培养酵母的过程中加入锌元素，通过酵母在生长过程中对锌元素的吸收和转化，使锌与酵母体内的蛋白质和多糖有机结合，从而消除了无机锌和有机锌对人体的不良反应和肠胃刺激，使锌能够更高效、更安全地被人体吸收利用。

酵母菌的用途

在日常生产生活中，最常提到的酵母菌指的是酿酒酵母。此类酵母菌多用于酿酒及面包等的发酵。

酵母菌在现代科技研究上也起着重要的作用。由于酵母菌属于单细胞真核生物，而且结构简单、易于培养、生长迅速，被广泛运用于现代生物学研究中。如酿酒酵母作为重要的模式生物，作为遗传学和分子生物学的重要研究材料。

广角镜——酵母菌模式生物

生物学家通过对某种选定的生物物种进行科学研究来揭示某种具有普遍规律的生命现象，这种被选定的物种就是模式生物。比如，孟德尔在揭示生物界遗

◆模式生物之蝾螈

◆基因组的研究

传规律时选用豌豆作为实验材料，实验中豌豆就是研究生物体遗传规律的模式生物。线虫、果蝇、非洲爪蟾、蝾螈、小鼠等，是现在被大家所公认的优良模式生物。

酵母的基因组测序已经完成。它作为高等真核生物特别是人类基因组研究的模式生物，最直接的作用就体现在生物信息学领域。当人们发现了一个人类未知功能的新基因时，可以迅速地到任何一个酵母基因组数据库中检索与之同源的功能已知的酵母基因，并获得其功能方面的相关信息，从而加快对该人类基因的功能研究。

真菌中的巨人
——大型真菌之蘑菇

真菌是微生物大军的一员，但却不全是小人国的国民。它们有一支奇葩，是真菌中的巨人族——大型真菌。你别看它个头大，它可真真确确的是真菌国的子民。可是，它们却良莠不齐，有的鲜香美味，有的妖娆却又带着毒素。

◆蘑菇

大型真菌

常见的大型真菌有各种各样的蘑菇、灵芝、银耳、黑木耳、竹荪等，它们并非植物，而是真菌大家庭的一员。野生的大型真菌多生长在阴暗潮湿的环境中，通过腐蚀有机质来获取养分。它们的形态各异，但并非所有的大型真菌皆可食用，误食有毒的大型真菌将会发生中毒。

万花筒

蕈与蘑菇

蕈，念 xùn

指高等菌类，组成真菌门的成员。生长在树林里或草地上，由帽状的菌盖和杆状的菌柄构成。菌盖能产生孢子，是繁殖器官。种类很多，有的可食用，如香菇；有的有毒，如毒蝇蕈。

食用菌

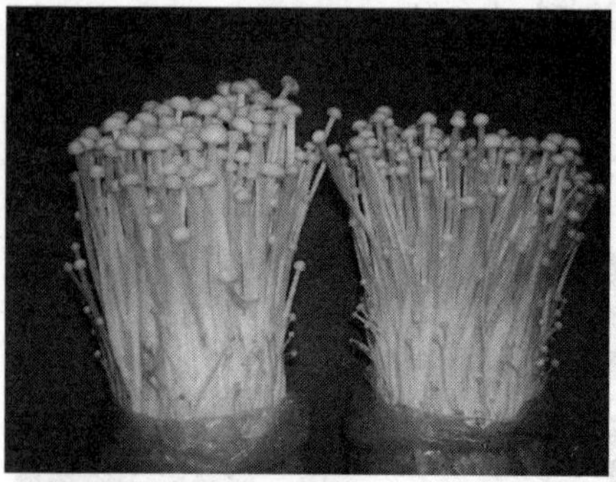

◆金针菇

食用菌是指个体硕大的、其肉质或胶质可供食用的大型真菌，通称蘑菇。食用菌味道鲜美，富含多种维生素、矿物质、蛋白质、糖类（碳水化合物）与纤维素等，是公认的绿色健康食品。食用菌中不仅含有各种人体必需的氨基酸，还具有降低胆固醇、治疗高血压的作用，近年来更是发现香菇、金针菇、蘑菇、猴头菇中含有增强人体抗癌能力的物质。下面介绍几种常见的食用菌。

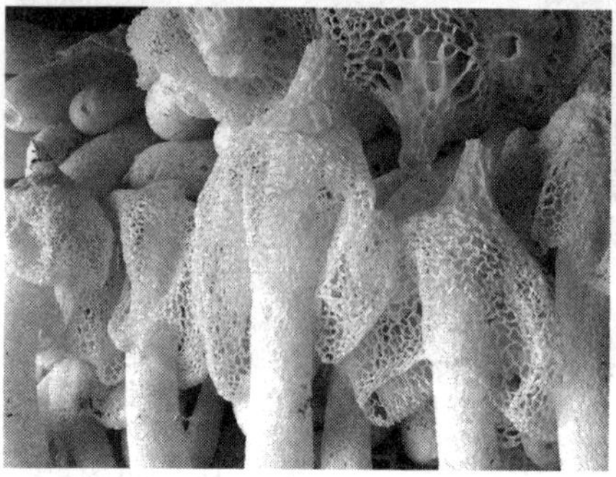

◆竹荪

金针菇。金针菇又名金菇菜、金菇，全名为绒柄金钱菇，是常见的食用菌。金针菇属于木栖腐生野菇的一种。人工种植的金针菇较野生的白、细，这是人工使用冷气房商业栽培、未接受日照的结果。

竹荪。竹荪又名竹笙、面纱菌、竹姑娘，是群生或单生于竹枝内的大型真菌。优质的食用竹荪，其色泽浅黄、肉厚、味香、柔软、菌朵完整。竹荪可以与肉共煮成肉汤，味美。

◆黑木耳

黑木耳。黑木耳又称云耳、木菌，具有较高的营养价值和一定的药用价值。黑木耳含有丰富的胶质，对人体消化系统有良好的清润作用。另外，黑木耳的含铁量十分可观，新鲜的黑木耳每100克含铁98毫克，含量是肉类的100倍以上。

小贴士——美味食用菌

我国人民以菇类为食物已有悠久的历史，不同的地区、不同的季节、不同的饮食习惯可制作出不同的菜式。现选几款常见的食用菌美食以供参考。

◆鲜蘑炒蛋

1. 鲜蘑炒蛋

鲜蘑菇100克、鸡蛋5只、盐1.5克、酒、生油适量。蘑菇洗净沸水漂过，滤水后切片。鸡蛋打浆加入味料。起油锅下蛋浆炒至半熟加入蘑菇片、料酒、少许胡椒粉，炒至蛋包着蘑菇片为好。

◆小鸡炖蘑菇

2. 小鸡炖蘑菇

小仔鸡750～1000克、蘑菇75克，葱、姜、干红辣椒、大料、酱油、料酒、盐、糖、食用油适量。将小仔鸡洗净，剁成小块。蘑菇用温水泡30分钟，洗净待用。坐锅烧热，放入少量油，待油热后放入鸡块翻炒，至鸡肉变色放入葱、姜、大料、干红辣椒、盐、酱油、糖、料酒，将颜色炒匀，加入适量水炖10分钟左右倒入蘑菇，中火炖30～40分钟即成。

3. 银耳桂圆汤

水发银耳240克，杏仁15克，桂圆肉15克，荸荠750克。荸荠去皮，切片，在砂锅里加水熬成荸荠汁；杏仁在碱水中煮15分钟，洗去碱味，用清水浸泡；然后将杏仁、桂圆肉隔水蒸 15 分钟；银耳在开水中稍煮后，沥去水，加入清汤、姜、葱、料酒，煮 3 分钟，去掉姜、葱；将银耳放在荸荠汁内，加料酒、盐、蒸 45 分钟，放入桂圆肉、杏仁、再蒸 15 分钟取出，加白糖调匀即成。能滋阴润肺，补血止咳。适宜于咳嗽、咯血、潮热、盗汗、贫血患者食用。

◆银耳桂圆汤

毒蘑菇

◆白毒伞

一般而言，鲜艳美丽，或有疣、斑、沟裂、生泡流浆，有蕈环、蕈托及奇形怪状的野生蘑菇皆不能食用。但有部分毒蘑菇如剧毒的毒伞、白毒伞等皆与食用菌极为相似，故如无充分把握，不宜随便采食蘑菇。下面介绍几种典型的毒蘑菇。

白毒伞。致命白毒伞其外形与一些可食用的蘑菇较为相似，极易引起误食。其毒素主要为毒伞肽类和毒肽类，在新鲜毒菇中毒素的含量很高，50 克左右的白毒伞菌体所含毒素便足以毒死一个成年人，中毒者死亡率高达 90%以上。

◆某些种属的牛肝菌有毒

牛肝菌。牛肝菌属中的某些种类含有的是影响神经精神的毒素，它能降低血压、减慢心率、引起呕吐和腹泻。另外，牛肝菌属中的某些种类含有致幻素，中毒后表现为幻觉，以小人国幻觉为其特征，甚至精神异常。

点击——小人国幻觉症

◆小人国幻觉症

小人国幻觉症又名“仙境中的爱丽丝”综合征。本症是一种体像障碍和视错觉。主要表现为与物体大小有关的幻觉，常与偏头痛和癫痫发作有明显关系。1955 年英国医生陶德（Todd）首先对该症进行报道，其症状与莱曼·弗克兰·鲍姆（Lewis Corroll）所写的《绿野仙踪》一书中的主人公爱丽丝的体验极为相似，因而得名。

小人国幻觉症多见于中、青年女性。除具有原发病的临床表现外，还可有：①视物变形，出现形态和大小的错觉；②自身躯体扩大或缩小的异常感觉；③现实感缺失，躯体与心理分离（二重性），并感到自身与周围物体都已肢解或离散，不能感知自身的存在；④对视野中物体的大小、位置、距离及时间过程都呈现错觉。

奇妙的真菌世界——真菌奇谭

◆美丽的真菌

真菌的世界广袤而又多姿，随着人类对真菌的不断探索，在对其认识不断加深的同时，也接二连三地发现真菌的有趣。下面，让我们一起进入奇妙的真菌世界。

真菌光

原始雨林的夜晚，是伸手不见五指的。不过，如果你足够幸运，就会踏入一片充满星光的璀璨世界：这，就是发光真菌的国度。

◆真菌光

目前，包括日本、南美在内，全球范围内已发现的会发光的真菌已达71种。每当科学家们发现一种新的真菌，都会把它放在黑暗环境中，确认它是否是光照系生物的一员。可惜的是，目前还没有对这些大型真菌的发光原理进行很深入的研究。据推测，其发光原理可能与萤火虫的化学生物反应类似。

此种真菌发光的目的应该是为了后代的传播。在无风闭塞的丛林，真菌的孢子是很难广泛传播开的，为了后代的大量繁殖，此种真菌通过发光来吸引路过的昆虫，并作为媒介将孢子带走撒开。

◆会发光的真菌

广角镜——萤火虫的发光原理

全世界有萤火虫 2000 多种，大多于夏季在河边、池边、农田出现，活动范围一般不会离开水源。雄性萤火虫较为活跃，主动四处飞来吸引异性；雌性则停在叶上等候雄性发出讯号。在萤火虫体内有一种磷化物——发光质，经过发光酵素作用，会引起一连串化学反应。常见的萤火虫光色有黄色、红色及绿色。亮灯是耗能活动，萤火虫并不会整晚发亮，一般只维持 2～3 小时。

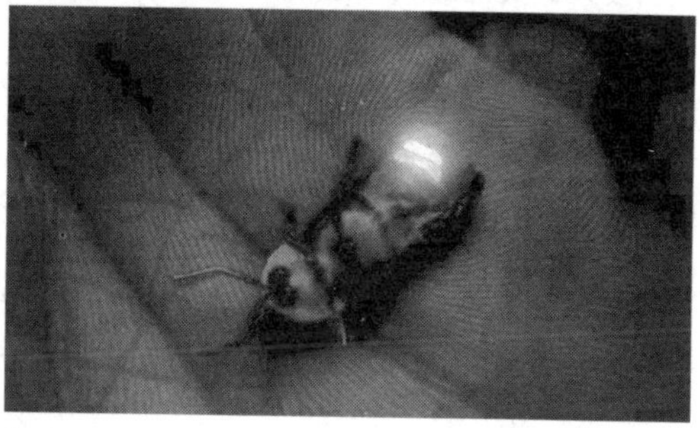
◆冷光

生物学家发现，萤火虫尾部的白色排状部位就是它发光的位置，将其称作发

◆发光原理可能与萤火虫相似

◆新西兰的萤火虫之洞

◆动物的警戒信号

光器。雄萤腹部有2节发光，雌性只有1节。而萤火虫的发光器会发光，起始于传至发光细胞的神经冲动，使得原本处于抑制状态的荧光素被解除抑制。而萤火虫的发光细胞在发光质的催化下氧化，伴随产生的能量便以光的形式释出。由于反应所产生的大部分能量都用来发光，只有2%～10%的能量转为热量，所以当萤火虫停在我们的手上时，我们不会被萤火虫的光给烫到，所以有些人称萤火虫发出来的光为“冷光”。

萤火虫发光目的可能有两个：

1. 求偶

由于一般在天空飞的成虫绝大部份是雄虫，而雌虫通常只在草丛里爬行，加上有些雌虫像陆生的台湾山窗萤、台湾窗萤、云南扁萤，甚至和雄虫有完全不同的外貌，这时它们为了求偶，便一闪一闪发出光来传讯信息。

2. 警戒

当萤火虫受到外敌的干扰时，为了驱走敌人，便发出强烈的光吓退敌人，达到自保的目的，这种现象尤其在幼虫期特别明显。

爱吃CD的真菌

◆被腐蚀的唱片

一名西班牙科学家维克托·卡迪内斯在洪都拉斯首都伯利兹城发现了一种以CD为食的真菌。这种真菌可以腐蚀CD唱片，使唱片布满污点，甚至可以腐蚀出几个小洞，使唱片无法正常使用。

维克托·卡迪内斯是一名地质学家，他是在前往伯利兹城游玩时在朋友家里发现这种真菌的。维克托听朋友说家里的唱片经常发生变形，于是他就通过一个电子显微镜对变形的唱片进行了观察，从而发现了这些真菌。这些真菌是从唱片的边缘开始向内入侵的，唱片中的薄铝层和一些数据存储涂脂都被它们消化掉了。

西班牙高级科学研究委员会的生物学家们对这些真菌进行了鉴定，发现这些真菌是一类常见的真菌，然而这种独特的种类还属首次发现。

臭豆腐

“臭豆腐”名虽俗气，但却是外陋内秀、平中见奇，是一种极具特色的休闲风味食品，一经品味，常令人欲罢不能。你别看臭豆腐就这一个名字，在不同的地方喊出来可是不同的美食！臭豆腐在中国以及世界各地的制作方式和食用方式均存在地域上的差异，其中以长沙和绍兴的臭豆腐干最为闻名。但总结起来就是闻起来臭，吃起来香。

◆福州水煮臭豆腐

◆长沙臭豆腐

说起这臭豆腐，与真菌有何瓜葛呢？臭豆腐，其实就是豆腐的发酵制品。关于臭豆腐的由来，众说纷纭，但是只要你仔细体会便会发现故事的关键在于，家中的豆腐坏了，可是又舍不得扔，就用盐腌制，然后再烹饪，新鲜的臭豆腐就出炉了。是的，臭豆腐制作的关键在于卤水，也就是发酵产生臭卤真菌，臭卤真菌进入豆腐胚子形成受卤层，臭豆腐也就应运而生了。

臭豆腐可分为臭豆腐干和臭豆腐乳。臭豆腐乳曾作为御膳小菜送往宫廷，受到慈禧太后的喜爱，亲赐名“御青方”。

◆臭豆腐乳

长沙的臭豆腐称为“臭干子”，选用上等黄豆做成豆腐，然后把豆腐浸入放有干冬笋、干香菇、浏阳豆豉的卤水中浸透，表面会生出白毛，颜色变灰。初闻臭气扑鼻，入油锅慢慢炸，直到颜色变黑，表面膨胀以后，就可以捞上来，浓香诱人，浇上蒜汁、辣椒、香油，即成芳香松脆、外焦里嫩的臭干子。

北京闻名的王致和臭豆腐为臭豆腐乳，与南方流行的臭豆腐干是两种不同的食品。臭豆腐乳不能油炸，为馒头和大饼等面食的配品。

点击——臭豆腐的营养

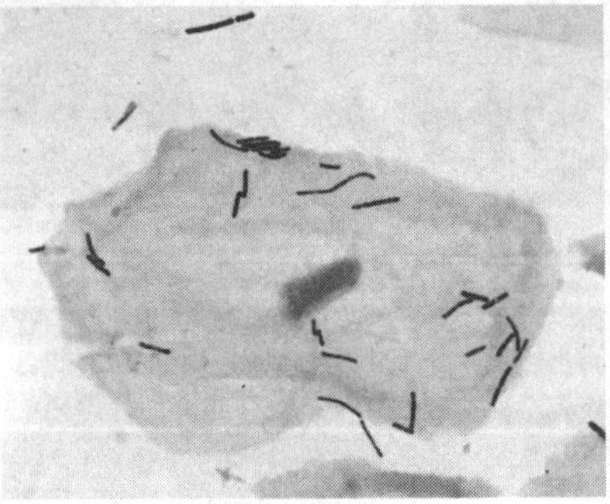

◆臭豆腐中富含乳酸菌

◆腌制的食品易产生亚硝胺

古医书记载，臭豆腐可以寒中益气，和脾胃，消胀痛，清热散血，下大肠浊气。常食者，能增强体质，健美肌肤。有“植物性乳酸菌研究之父”之称的日本东京农业大学冈田早苗教授发现，臭豆腐、泡菜等食品当中，含有高浓度的植物杀菌物质，包括单宁酸、植物碱等，而植物性乳酸菌在肠道中的存活率比动物性乳酸菌高。由于其含有大量维生素 B_{12}，臭豆腐还对预防老年痴呆有积极作用。

但是，研究同时证明，豆制品在发酵过程中会产生甲胺、腐胺、色胺等胺类物质以及硫化氢。它们具有一股特殊的臭味和很强的挥发性，多吃对健康并无益处。此外，胺类物质存放时间长了，还可能与亚硝酸盐作用，生成强致癌物亚硝胺。因而，臭豆腐虽然美味，仍不宜多食。

是敌是友？

——真菌的善恶之分

《三字经》曰：人之初，性本善。《圣经》中提到人是来到这个世界上赎罪的。人的本质究竟是善良还是邪恶？这个争论自古而有，却因人性的多样化而始终没有定论。无间道，在纷繁的世界中，何为正道？在真菌的世界里，各成员的素质高低也是良莠不齐，有的危害人间，有的造福人民。

我会感染你
——真菌性疾病

真菌性疾病，即由真菌引起的感染性疾病。上述我们提到的真菌过敏症其实算不上是真菌性疾病，虽然它确实是由真菌引起的，但真菌只是作为一种过敏原，在与机体接触的过程中，由于机体本身某种机制的判断错误而引起的，并不是真菌本身通过感染机体而导致的。

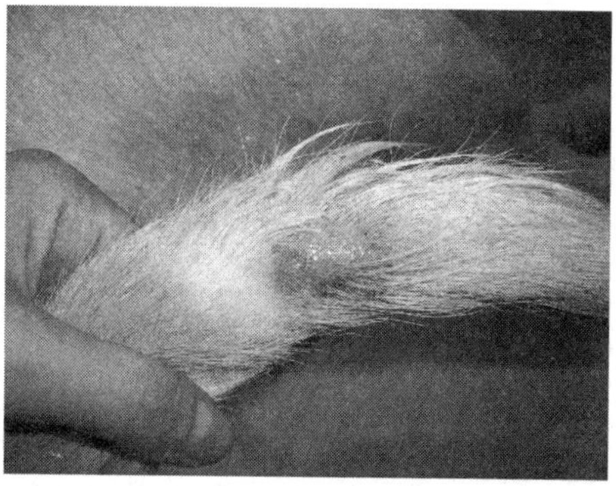

◆犬真菌皮肤病

真菌性疾病

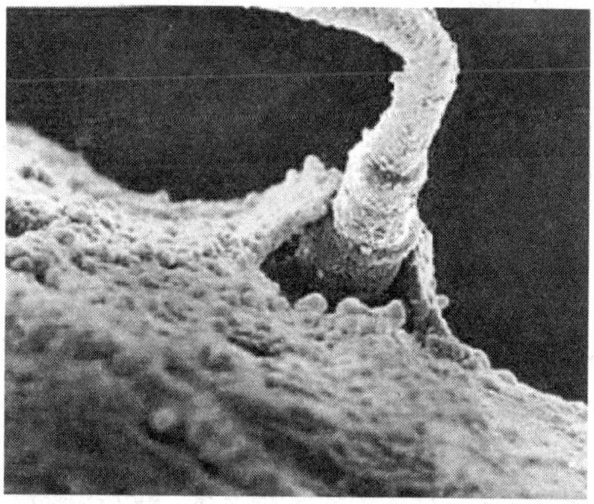

◆真菌入侵

人类感染的真菌主要来自外界环境，并通过接触、食入或吸入而被感染。大多数真菌需要在一定的条件下才能致病，称为条件致病菌，少数真菌可直接致病。

在临床上，根据真菌入侵组织深浅的不同，把引起感染的真菌分为浅部真菌和深部真菌。

浅部真菌主要指皮肤癣菌。

其共同特点是亲角质蛋白，侵入人和动物的皮肤、毛发、甲板。这种真菌引起的感染统称为皮肤癣菌病，简称癣。目前常见的浅部真菌病包括头癣、手癣、足癣、体癣、股癣、花斑癣等。皮肤癣菌病通过接触传染，不洁的卫生习惯、多汗浸渍、共用梳子、毛巾、拖鞋以及接触患癣的动物是皮肤癣菌传播的主要途径。

深部真菌病多数是条件致病菌，多侵犯免疫力低下者。

◆养宠物注意预防真菌感染

小知识——手足脱皮与真菌感染

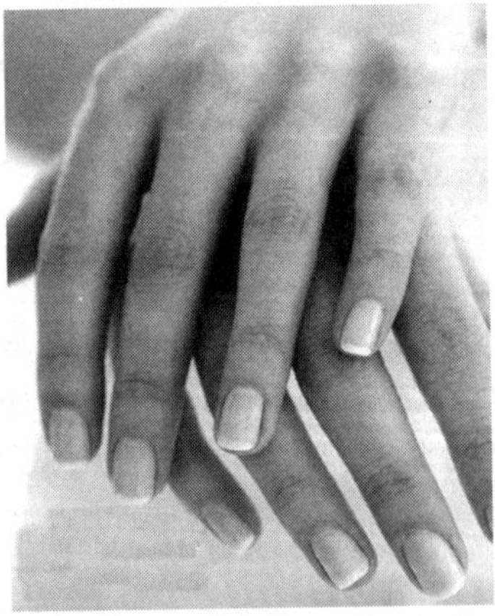

◆做好手部护理

有的人一到冬季就容易手足脱皮，严重的还伴有皲裂的现象。多数手掌脱皮有季节性，过一段时间大多可以自愈，一般不需要特殊治疗。而对于由真菌感染引起的手癣、化学损伤引起的接触性皮炎以及先天遗传因素引起的剥脱性角质松解症，则需要对症治疗。根据症状和病因的不同，手部脱皮可分为四类。

一般性剥落脱皮：仅表现为双手表面脱白皮，不伴有瘙痒、炎症的情况。一般在秋冬季节常见。这类脱皮多可自愈，一般不需要治疗，只要避免接触肥皂、洗手液等刺激性化学用品，2～3周后可自愈。多吃富含维生素的水果和蔬菜有助于疾病的恢复，可以再吃点维生素C片作辅助。

干燥性皮炎：表现为双手脱白皮，手指有裂口。最常见于中青年女性，与经常用香皂洗手有关。所以应减少洗手次数，避免用碱性的香皂、洗手液，洗衣服时尽量戴手套。另外还应适当减少沐浴次数，一周一两次即可。有每天洗澡习惯的人，洗澡时不必每次都用沐浴露，简单冲洗一下即可。洗澡后最好在皮肤特别干燥处涂抹一些含油脂的护肤品。

手癣：一般是先有一只手出现脱皮现象，随后发展到双手。手掌出现红斑、炎症，瘙痒明显，患手癣的患者大多同时患脚癣。手足癣由真菌感染引起，而且具有传染性，所以一定要及时彻底地治疗。一般按时在患处涂抹一些抗真菌药膏，一段时间后都会治愈，也可用口服抗真菌药物作辅助治疗。

汗疱疹：汗疱疹是皮肤湿疹的一种，表现为双手同时长红色水疱，粟粒至米粒大小，并伴有不同程度的灼热感和瘙痒。汗疱疹病因不明，可能与精神紧张、手足多汗、真菌感染及过敏等因素有关。在治疗时要引起重视，及时去正规医院皮肤科，根据医生的建议治疗；生活中要保持手部的干爽清洁；不要用手撕脱蜕皮，以防染毒成脓。

预防

预防真菌病的传染要从家庭做起。在我国，每两个人里就有一人患足病。成年人发病率高达75%，其中超过60%的足病为真菌感染。足癣，俗称脚气，约占了一半的人群；而甲真菌病，俗称灰指甲，占了总人群的1/5。

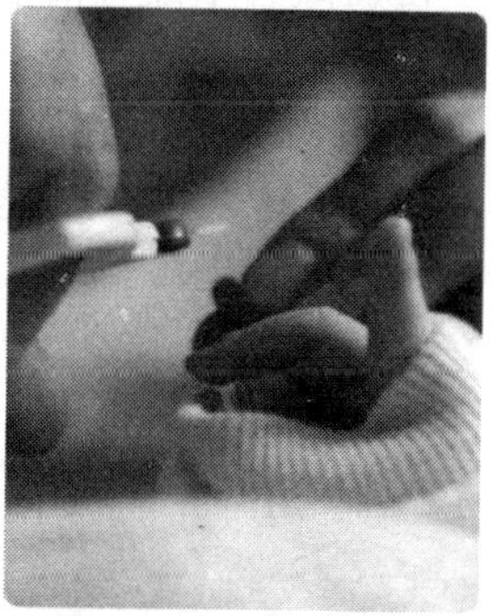

◆做到勤剪指甲

然而，绝大多数患者并没有及时就诊并坚持科学、系统的治疗。大多数患者在得了真菌性疾病后，都选择自己诊断、用药，具有很强的盲目性和随意性。专家指出，这样的做法，不仅不能治愈，还容易引起真菌病在家庭中的广泛流行。一旦患上了真菌性疾病，要注意做到以下几点，防止疾病的恶化和家庭内部的传染。

（1）一旦患上真菌性疾病，要及时、彻底治疗。

（2）保持患部的清洁、凉爽和干燥，沐浴或清理时尽量采用淋浴的方式。

（3）避免使用碱性强的肥皂。擦干身体时，要确实擦干。避免环境潮湿阴暗。

(4) 不和患有真菌感染疾病的人频繁接触或共用毛巾、鞋袜及洗脸洗脚盆等物品。

(5) 避免长期穿不透气的鞋子。鞋大小要合适，不宜太紧。

(6) 不要光脚走在地毯、浴室地板上。保持指趾甲的正常长度，不要用同一把指甲刀修剪正常甲和患病甲。

◆选择合脚的鞋

(7) 定期消毒家庭环境及患者用品。真菌最适宜的生长条件为：温度22℃～36℃，湿度95%～100%，酸碱度5～6.5。真菌不耐热，100℃时大部分真菌在短时间内死亡，但低温条件下可长期存活；紫外线和X线均不能杀死真菌，甲醛、石炭酸、碘酊和过氧乙酸等化学消毒剂均能迅速杀灭真菌。因此，在生活中还应该注意保持通风、干燥、清洁。

知识库——脚气非小事

◆脚气

脚气是一种极常见的真菌感染性皮肤病，是足癣的俗名。成人中70%～80%患有脚气，只是轻重程度不同。常在夏季加重，冬季减轻，也有人终年不愈。虽然脚气是十分常见的皮肤病，但很多患者对这一疾病并没有足够的认识，就医率非常低，常是在个人能够忍受的范围内任其发展。

事实上，脚气非小事。如果脚气不及时治疗，真菌便可能传染到患者身体其他部位，引起手癣（俗称鹅掌风）、股癣、灰指甲等其他皮肤顽症，还有约40%的患者会并发细菌感染，导致淋巴管炎、淋巴结症、丹毒等疾病，甚至引起败血症，威胁患者的生命。而糖尿病患者更是要特别注意脚气，因为糖尿病患者多有血管病变和神经病变，足部皮肤的小破损或癣病都可能发展成经久不愈的慢性溃疡，甚至发展为坏疽导致截肢。

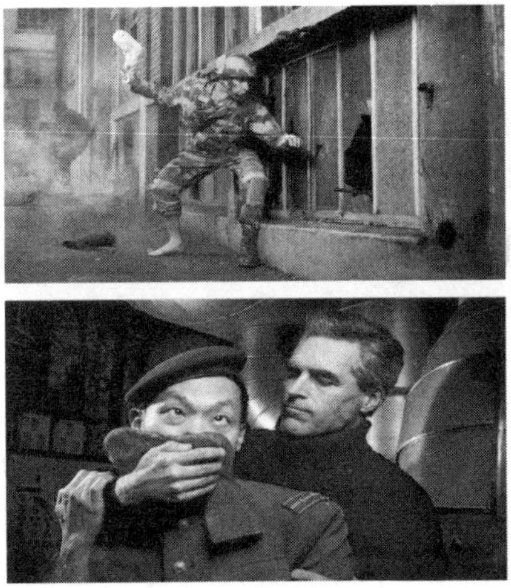

◆新式武器——臭袜子

常见的几种对付脚气的错误观念：

1. 自己买药涂涂就行，不用去医院。

错！到底是不是真菌感染要经检验才可确诊，尤其是灰指甲，很难以眼力将其和其他甲病分开，用错了药等于耽误治疗。

2. 只对病处涂药，待看不到病症就停药。

错！真菌很难对付，最好扩大涂药范围，起码用药坚持四周，看不见病症也要涂药。

3. 用过的袜子用消毒水洗即可，鞋子用防菌鞋垫即可。

错！酒精、消毒液对真菌没用，只有用100℃以上的热水浸泡上几分钟才可杀死它。如果鞋袜卫生做不好，治疗的功效只有一半。防菌鞋垫和太阳晒都只能尽量保持你鞋子的干燥，却不能杀死真菌，而80%的真菌藏在你的鞋的前掌位置，科学证明短波紫外线可杀死真菌，建议使用有短波紫外线的鞋内净化器。

◆保龄球鞋

4. 不穿密封的鞋子、户外多穿凉鞋、拖鞋。

错！鞋子只要保持干燥清洁，穿密封的鞋子更好，因为在户外，经常穿裸露脚趾的凉鞋、拖鞋更容易被传染上真菌。

5. 我很讲究卫生，打保龄球也穿新袜子。

错！打保龄球通常都是借用球馆的鞋子，虽然给你一双新袜子，可那袜子的缝隙很大，如果你碰到带有真菌的鞋子，你将被传染。

看不见的过敏原
——真菌过敏

◆花粉也是一种常见的过敏原

过敏是有机体对某些药物或外界刺激的感受性不正常增高的现象。而引起过敏反应的物质则称为过敏原。真菌就是一类常见的过敏原，它广泛地分布在我们周围，看不见摸不着，但又确实给我们造成了困扰，敌暗我明，这是一场没有硝烟的战斗！

真菌过敏疾病

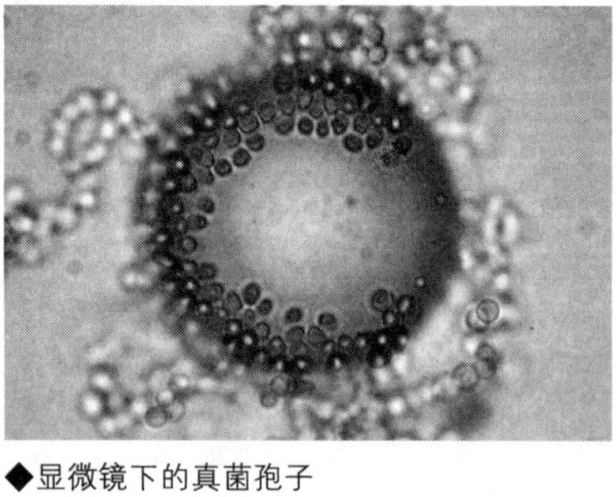

◆显微镜下的真菌孢子

真菌主要以孢子和菌丝的形式存在，它们都能够引起过敏反应，其中以孢子的致敏性最强。由于孢子及碎裂后的菌丝片段非常小，从而可以长时间地停留在空气中，通过风等四处播散，因而真菌主要通过吸入人体而导致疾病的发生。此外，例如食用霉变及真菌污染过的食物以及需要经过发酵或酿制的食品、直接接触、注射通过真菌生产的抗生素等途径也可能导致真菌进入人体进而引起发病。

◆与狗等动物的接触而感染真菌疾病

由于接触的途径、部位、方式及所接触真菌量的多少、时间的长短和品种的不同，所引起的过敏反应的类型和临床表现也不尽相同。最常见的是Ⅰ型过敏性疾病，如过敏性鼻炎、过敏性哮喘、过敏性结膜炎及接触性皮炎等。

过敏性结膜炎的主要临床表现为结膜发痒、充血、刺激感、流泪畏光等；过敏性鼻炎的临床表现为鼻痒、打喷嚏、流清水样鼻涕，以及交替性鼻塞，头痛等；过敏性哮喘的临床表现则为气喘、胸闷憋气、喉中有哮鸣音，部分人伴有咳嗽、咳少量白色泡沫样痰等。

真菌一年四季都存在，它所引起的症状也多为常年性的，无明显季节性。

知识库——感冒与过敏性鼻炎

过敏性鼻炎、感冒都属于高发疾病，且症状相似。有人纳闷：怎么自己总是感冒？有人说：怎么感冒好了，还打喷嚏？其实这是过敏性鼻炎发作，频繁“感冒”可能是得过敏性鼻炎了。

感冒与过敏性鼻炎有什么区别呢？感冒多是伤风、着凉后病毒入侵导致的，具体表现为鼻塞、流涕，鼻涕开始为清涕，数天后可转为黄涕。严重者伴有发热、肌肉酸痛、周身乏力等，病程多为自限性，注意休息，多饮水，7～10天可自愈。

过敏性鼻炎是因接触尘螨、花粉、霉菌等过敏原引起的，使鼻部产生过敏性炎症，在遇到过敏原、甚至冷空气或烟味儿等刺激时就会鼻子痒，打喷嚏，有时一连打十几个、几十个喷嚏，随后流清水样鼻涕，有的量很大，像关不住闸的水，一天能用一卷卫生纸。有的伴有鼻塞。程度轻时一天发作半小时左右，重时持续大半天甚至一整天，严重影响工作和生活。病情迁延，反复发作。

过敏性鼻炎有常年性与季节性之分。秋季是许多致敏花粉到来之际，空气中花粉的飘散量开始增加，一直到国庆节前后结束。如果在这段时间频繁“感冒”，很可能是过敏了，尤其是伴有眼痒、耳痒者；如果连续数年都在同一季节发病，过敏的可能性就更大了。

过敏性疾病与体质有关，有遗传倾向，是环境与遗传共同作用的结果。若不从根本上着手，病情可能会越来越严重，逐渐由过敏性鼻炎发展为哮喘，并且可能出现鼻息肉、分泌性中耳炎等并发症。而查明病因、明确过敏原，生活中注意避免过敏原，或针对过敏原进行免疫治疗可以从根本上去除病因，达到根治的目的。

预防

最有效措施是找出过敏诱发因子，避免再接触这种物质。在2万多种不同的诱发因子中准确地找到致病的因子，不是件容易的事情。另外，通常检测一种物质的致敏反应，医生需要做各种不同的皮肤测试，费时费事。更重要的是，许多致敏物质是不可以完全避的，防不胜防。因此，我们可以通过自身的努力，为自己创造一个良好的生活环境，降低与致敏菌接触的机会。

◆潮湿

真菌的生长繁殖受环境因素的影响很大，温暖、潮湿、通风不良的环境中及沿海等低海拔地区可促使真菌大量生长。反之，干燥、通风良好、阳光充足及高海拔地区则不易生长。因此，真菌过敏可以看作是一类环境性疾病，控制与环境中致敏真菌的接触，就成为治疗和预防真菌性过敏性疾病的一个最重要的措施。主要有以下方法：

◆保持房间通风

1. 保持房间的干燥、洁净，做到良好的通风、光照充足。

2. 除去住屋内的地毯、厚重的窗帘、陈旧的衣被及枕料，不要在卧室内存放粮食、杂物、拖帚及湿布、不摆放花草。

3. 不在家中豢养鸟类、猫狗等宠物。

4. 冬季应防止过度供暖。

5. 不使用空调及加湿器。因为空调中可滋生大量的真菌及螨虫，空调病可能就与此有关。

6. 避免进入地下室、暖房、仓库、纺织车间、酿造车间、饲养室、储藏室、书库、牧场、久闭不用的房间等场所。

治疗

除了上述所提到的预防措施以外，针对真菌性过敏性疾病的治疗方法有：

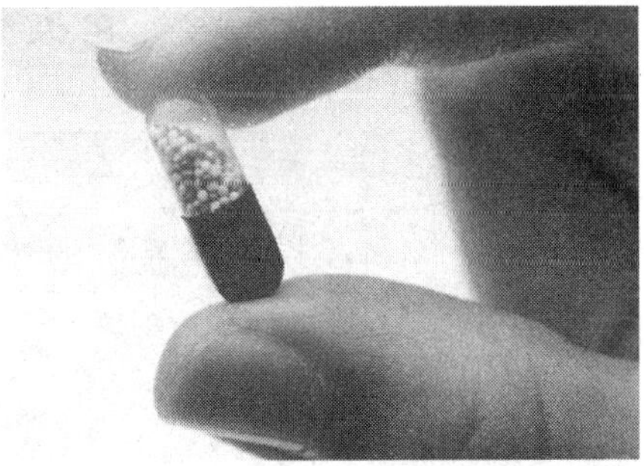

◆抗过敏药

对症治疗。对于那些速发型的过敏反应可通过服用抗过敏药物或者吸入性激素来治疗，一般来说都能取得满意的效果。

脱敏治疗。对于那些症状典型、并经真菌特异性体内或体外试验证实对真菌过敏的患者，应采用相应的脱敏治疗，即采取某些先进技术改善机体的体质，以减低或者远离过敏不良反应。

致癌的元凶
——黄曲霉毒素

西方人有一句话翻译过来是这样说的：人类最怕时间，时间最怕金字塔。简单地说就是人无法想象金字塔那样恒久地存在。很多事物都消逝在时间的长河中，等待，唤不回心中的期待。特别是食物，最耐不住等待，黄曲霉就是导致久置的花生和核桃发生变质的元凶！

◆金字塔

首次登台亮相

◆火鸡

在20世纪的60年代，英国发生了一起“10万火鸡”事件——10万只火鸡突发性死亡。而后，该事件被确认与从巴西进口的花生粕有关。根据进一步的调查研究表明，这些花生粕被一种源自真菌的有毒物质污染。这些有毒物质来源于一种被称作黄曲霉的真菌，是该真菌的一种有毒代谢物质，称为黄曲霉毒素。严格来说黄曲霉毒素并非由黄曲霉产生的“专利产品”，其他的真菌，如寄生曲霉也能产生这种代谢产物，只是产量比较少。

黄曲霉毒素

◆被黄曲霉感染的花生

黄曲霉毒素的分布范围很广，主要存在于土壤、动植物中。一般来说，在热带和亚热带地区，食品中黄曲霉毒素的检出率是比较高的。在我国，产生黄曲霉毒素的产毒菌种主要为黄曲霉，它的分布情况大致为：华中、华南、华北地区产毒株多、产毒量也大；而在东北、西北地区则比较少。

根据各项调查结果显示，对于植物来说，以花生、黄豆、玉米、棉籽等作物及其副产品，最易感染黄曲霉，所含的黄曲霉毒素量较多；动物对黄曲霉毒素的敏感顺序为：鸭雏＞火鸡雏＞鸡雏＞日本鹌鹑；仔猪＞犊牛＞肥育猪＞成年牛＞绵羊等，其中，家禽，尤其是幼禽是最敏感的。

链接：发黄大米＝“致癌大米”

大米有其原有的正常颜色，若出现了淡黄色，我们称它为黄变米。大米变黄是因为大米在储存过程中由于自身水分含量高，在酶的作用下产生热，致使霉菌繁殖，出现霉变现象并呈现出黄色。霉菌能产生毒素，其中就包括黄曲霉素，它是岛青霉、桔青霉、黄绿青霉的有毒代谢物的统称。

黄曲霉毒素中毒症状表现为发热、腹痛、呕吐、食欲减退等，是诱发肝癌的主要危险因素之一。黄曲霉毒素中毒后，肝部会有病变，2～3个月后肝脏肿大、肝区疼痛、黄疸、脾大、腹水、下肢水肿及肝功能异常，还可能伴有心脏扩大、肺水肿，甚至痉挛、昏迷等，多数患者在疾病晚期会有直肠、肝、胃大出血现象。

◆大米

医学专家指出，食用“致癌大米”虽然其一次性的毒性没有这么大，但长期食用无疑将会致癌。因为黄曲霉毒素是目前发现的最强的生物致癌物，试验表明，其致癌所需时间最短仅为24周，所以别忽视了身边的隐患食物。

识辨黄大米的常识：

1. 颜色：米粒暗淡无光，表面呈黄色，或有白道沟腹，发脆，易断。

2. 气味：有霉味，硬度低。

3. 品尝：蒸煮后黏度小，食用时口味寡淡，有霉味，口感粗糙。

毒性

黄曲霉毒素主要有 b_1、b_2、g_1、g_2 以及 m_1、m_2 这几种类型，其中 m_1 和 m_2 是从牛奶中分离出来的，它们在分子结构上十分接近。1993年，黄曲霉毒素被世界卫生组织的癌症研究机构划定为1类致癌物，即是一种毒性极强的剧毒物质。

◆黄大米

黄曲霉毒素的危害在于对人及动物肝脏组织有破坏作用。在严重的时候，还可导致肝癌，甚至死亡。在天然的被污染的食品中，以黄曲霉毒素 b_1 最为多见、毒性和致癌性也最强。

若不慎误食含有黄曲霉的食物，应尽快进行急救处理：①立即停止摄入有黄曲霉毒素污染的食物；②可用维生素C、维生素B族、电解多维、葡萄糖水等喂服，以稀释体液中的黄曲霉毒素；③症状较重时，应及时进医院接受治疗；④补液、利尿、保肝等支持疗法；⑤重症患者按中毒性肝炎治疗。

黄曲霉毒素的惊人毒性

黄曲霉毒素 b_1 的半数致死量为 0.36 毫克/千克体重，属特剧毒的毒物范围。动物半数致死量<10 毫克/千克，它的毒性比氰化钾大 10 倍，比砒霜大 68 倍。另外，黄曲霉毒素还是目前发现的最强的致癌物质，其致癌力是奶油黄的 900 倍、比二甲基亚硝胺诱发肝癌的能力大 75 倍。它主要诱使动物发生肝癌，也能诱发胃癌、肾癌、直肠癌及乳腺、卵巢、小肠等部位的癌变。

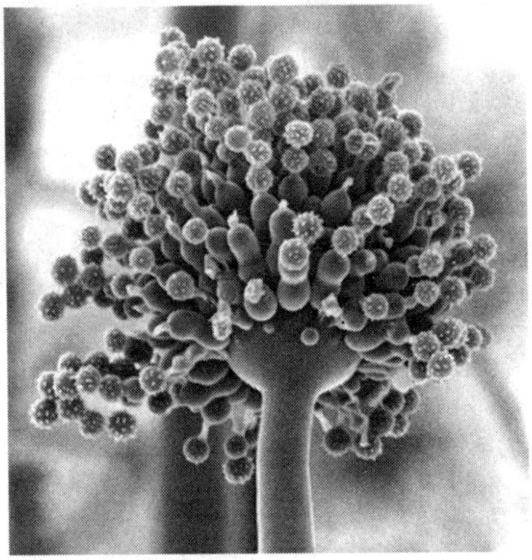

◆黄曲霉孢子头

黄曲霉毒素对人类健康的危害主要是由于人们食用被黄曲霉毒素污染的食物。国家卫生部门禁止企业使用被黄曲霉毒素严重污染的粮食进行食品加工生产。但是，对于含黄曲霉毒素浓度较低的粮食和食品无法进行控制。根据亚洲和非洲的疾病研究机构的研究表明，食物中黄曲霉毒素与肝细胞癌变呈正相关，长时间食用含低浓度黄曲霉毒素的食物被认为是导致肝癌、胃癌、肠癌等疾病的主要原因。但是，对于这一污染的预防是非常困难的，原因是真菌在食物或食品原料中的存在是非常普遍的。

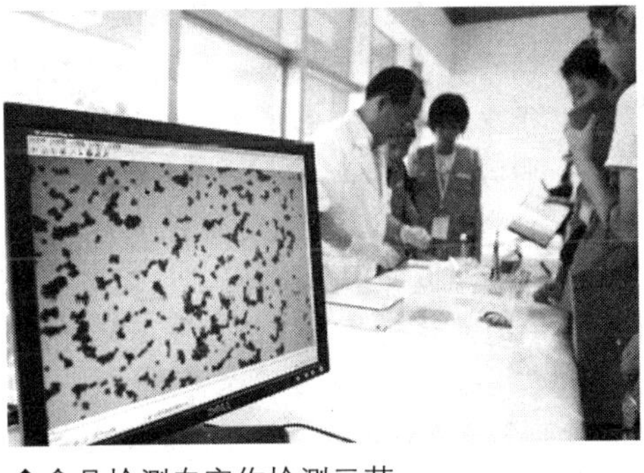

◆食品检测专家作检测示范

广角镜——食品中的致癌物质

◆烧烤食物含有强致癌物不宜多吃

◆蔬菜

“民以食为天”，是说让人民有饭吃是天大的事，若让人民饿肚子，则国将不国，王将不王。可是现在足食之后，人民又担心食品的安全性，这便是“民以食为忧”。而食品中的致癌物质主要是黄曲霉素和亚硝胺。

在前面的学习中我们对黄曲霉毒素有了一定的了解，在这里就简单地说一下我们对于黄曲霉毒素应该持有的态度。在我们的食品中，黄曲霉菌最爱生长于各种粮食之中，尤其青睐于花生，有人因此不吃花生，甚至不吃花生油。其实大可不必，因为在所有的粮食中，不管是国家粮仓，还是你家的米袋子，必然存在着黄曲霉菌，但是含量很少很少，只有陈化粮才含有较多的黄曲霉菌和黄曲霉素。国家允许的粮食含黄曲霉毒素的量是每千克10微克，这是个什么比例呢？是亿分之一。三聚氰胺事件大家记忆犹新，婴儿奶粉中的允许量是百万分之一，比一比，可知亿分之一是多么微不足道。“毒物即剂量”，如此小的剂量是不会有害的。所以，不要一听说什么食品含有黄曲霉菌或黄曲霉毒素就色变，要了解其含量。

亚硝胺是一系列化学反应的终端产物，它的上游是亚硝酸盐，再上游是硝酸盐。这一系列化学反应在实验室是可以发生的，于是人们就想当然地认为在蔬菜的生理代谢过程中也发生着这一系列化学反应。看人们是怎么推论的：①蔬菜必须吸收氮元素，氮元素在蔬菜体内参与氨基酸合成，这个过程的中间产物是硝酸盐；②蔬菜体内有一种还原酶，可以把硝酸盐还原成亚硝酸盐；③亚硝酸盐在蔬菜体内或在人的胃液中与胺结合，生成亚硝胺。这三步推论的前两步是正确的，因为蔬菜的确含有亚硝酸盐，含量大约为每千克4毫克。人体对亚硝酸盐的一次性安全摄入量为每千克体重 0.2 毫克，如果你体重 50 千克，那么一次性摄入 10 毫克亚硝酸盐是安全的，换算成吃蔬菜，一次性吃 2.5 千克是安全的，一般人都吃不了这么多。然而，上述第三步推论则是错误的。亚硝酸盐必须与胺结合才能生成亚硝胺，可是胺在哪里呢？胺是由氨基酸转化而来的，只有在蔬菜捂着、沤着发出臭味时氨基酸才转化成胺，而人们吃蔬菜唯恐不鲜，那么就不可能有胺，也就不可能生成亚硝胺。人的胃里会有胺吗？胃里什么反应都可能发生，或许有胺的存在，但是维生素 C 能阻断亚硝酸盐与胺结合，这维生素 C 可以是体内原有的，也可以是刚随蔬菜吃进去的。如此看来，蔬菜中的亚硝酸盐被蔬菜中的维生素 C 包围着，在胃里是不可能与胺结合的。否则，不知道有多少人吃蔬菜中毒呢！

◆腌制食品

相比较而言，亚硝胺在腌制食品、熏制食品中可能会存在。这个可能性基于如下原因：①加工者可能使用粗盐，粗盐中含有亚硝酸盐；②加工过程漫长，食品有可能发酵产生胺；③一旦亚硝酸盐和胺相遇，合成亚硝胺就不可避免。假设腌制、熏制的食品中真的含有亚硝胺，本着“毒物即剂量”的原则，浅尝辄止也是无害的。

霉败的饲料
——霉麦芽根毒素

麦芽是由大麦的成熟果实经发芽干燥而得。简单地说，就是将麦粒用水浸泡后，保持适宜的温度、湿度，待幼芽长至约0.5厘米时干燥而成。然而，由于储存条件的限制，许多麦芽发生了霉变，有些人就将发霉的麦芽晒晒，供家禽畜食用。可是，发霉的麦芽只需晒晒就可以供家畜食用吗？

◆麦芽

霉麦芽根中毒

◆发霉的小麦

霉麦芽根中毒是由于摄食被霉菌污染的麦芽根而引起的真菌毒素中毒性疾病，其临床表现为肌肉震颤、共济失调、气喘和出血性胃肠炎。

麦芽根可作为饲料供家畜食用。部分家畜，特别是奶牛，长期或大量食用霉麦芽根将导致霉麦芽根中毒。麦芽根贮存不当或堆积时间过久而导致霉败。霉败的麦芽根呈黑褐色、污褐色，潮湿呈团块状，具苦味。

引起麦芽根发霉的真菌现有以下几种：棒曲霉菌、荨麻青霉菌及米曲霉菌。这些霉菌污染了麦芽根，奶牛吃了这种发生霉变并产生毒素的饲料，将引起中毒。

根据临床自然病例调查，每头牛每日喂饲霉麦芽根1～5千克，连续饲喂10天左右，可引发致病。若每头牛摄入霉麦芽根10千克，可引起中毒死亡，其中以犊牛最为敏感。

广角镜——麦芽根的新应用

麦芽根多被作为饲料供家畜食用。然而，随着人们对其研究的深入，让麦芽根以新的姿态出现在人们的视野中——护肤品。麦芽根萃取液具有改善肌肤保湿能力，给予肌肤润泽，并能直接有效地渗透至产生神经酰胺的肌肤颗粒层，改善肌肤，让肌肤内部自动产生出丰富的神经酰胺，从而改善肌肤的水分保持能力。对于肌肤的粗糙、干燥具有显著快速的改善效果，使容易干燥的肌肤重新涌现润泽。

临床症状

由于奶牛采食霉麦芽根的数量及其所含毒素的种类和数量的不同，临床表现中的中毒快慢及轻重程度各异。急性发作1～3天死亡，亚急性为1～2周。

◆奶牛

中毒后的一般症状为食欲减退、产奶量降低、粪便软且外附黏液或血液。中毒时体温正常，然而死前体温升高至40℃以上；中毒的中、后期，出现呼吸困难，每分钟呼吸次数可达80次以上，腹式呼吸明显，鼻孔内流出泡沫状液体，肺有啰音；心音初快而高亢，后微弱，每分钟达90～140次，心音混浊，节律不齐。

◆病牛

出现中枢神经紊乱的现象。病牛眼球突出、目光凝视、站立不稳、运步无力、关节，特别是后肢跗关节强拘，极易跌倒，倒地后站立困难，卧地不起。肌肉震颤，尤以肘肌最为明显，随后全身肌肉痉挛。兴奋不安，对外界刺激极为敏感，被外界惊动时，即见恐惧、闪避。卧地呈躺卧状，头颈伸直，或向背部弯曲，角弓反张，四肢直伸，间隙性划动，最后口吐白沫而死。

治疗与预防

◆对奶牛进行定期的观察

无特效疗法。对病牛也只能采取对症治疗。其原则是加速胃肠道内毒物的排除，缓解呼吸困难，提高肝的解毒和肾脏的排毒功能。

预防的关键在于加强饲料保管，防止发霉变质。麦芽根贮存时，要注意室内的温度和湿度，保持室内干燥、通风，要定期对其检查，以防止霉败。

对于已发现有霉败现象，要当机立断，坚决废弃。

知识库——麦芽与麦芽糖

麦芽又称稻芽、粟芽，它是小麦种子发芽后形成的。麦芽含有丰富的蛋白质，其来源丰富，价格便宜。对于心脏病患者的康复来说，麦芽的蛋白质优于其他动物蛋白。麦芽内含有的甲种生育酚，是维生素E的组成成分，它能降低血液的黏度，进而阻抑动脉粥样硬化的形成。

◆麦穗

麦芽亦可作为一味中药，主治消化不良，积食、胃脘饱闷、吐酸、嗳腐、食欲不振、脚气病、乳痈胀痛和润泽干裂皮肤。

麦芽糖作为一种食品想必大家并不陌生，麦芽糖之所以称为麦芽糖必然与麦芽有着千丝万缕的联系。那么，我们的传统美食麦芽糖又是怎么“炼”成的呢?

◆麦芽糖

麦芽糖的制作大概分为以下几个步骤：先将小麦浸泡后让其发芽到三四厘米长，取其芽切碎待用。然后将糯米洗净后倒进锅焖熟并与切碎的麦芽搅拌均匀，让它发酵3～4小时，直至转化出汁液。而后滤出汁液用大火煎熬成糊状，冷却后即成琥珀状糖块。食用时将其加热，再用两根木棒搅出，如拉面般将糖块拉至银白色即可。

致命的美丽
——有毒蘑菇

人们总是喜欢美好的事物，有毒蘑菇就是利用这种特性，以其美丽的外表吸引你的注意，使你降低防备，采食它们。这是个美丽的陷阱，同时也有可能致命。因而，为了您的安全，建议大家不要食用自己随意采食的蘑菇。

◆毒蘑菇

中毒症状

◆毒蘑菇之秋日小圆帽

毒蘑菇是致病甚至是危害生命的，症结之处是在于这些蘑菇的体内含有各种毒素。人类在误食毒蘑菇之后，一般会经历以下阶段：

1. 潜伏期

食后 15～30 小时内，一般无任何症状。

2. 肠胃炎症状期

可伴有吐泻症状，多不严重，常常在一天之内能自愈。

◆毒蘑菇之死亡天使

3. 假愈期

在此期间病人多无明显症状，即使有症状也仅仅是会感到轻微乏力、不思饮食等。可是，实际上在此阶段肝脏的损害已经开始。若为轻度中毒，肝损害不严重，可由此进入恢复期。

4. 内脏损害期

此期内肝、脑、心、肾等器官可有损害，但以肝脏的损害最为严重。可有肝肿大、转氨酶升高、黄疸、出血倾向等表现，少数病例有心律紊乱、少尿、尿闭等表现。

◆毒蘑菇之毁灭天使

5. 精神症状期

部分患者呈烦躁不安或淡漠嗜睡状态，有的甚至昏迷惊厥。在该阶段可因呼吸、循环中枢抑制或肝昏迷而死亡。

6. 恢复期

经过积极治疗的病例一般在 2～3 周后进入恢复期，各项症状逐渐消失而痊愈。

此外，有少数病例呈暴发型，在潜伏期后 1--2 日突然死亡。可能为中毒性心肌炎或中毒性脑炎等所致。

自我救治

首先应判断是否为误食毒蘑菇而导致的中毒，是由哪种毒蘑菇所致，保留样品供专业人员在救治时作为参考。

立即叫救护车。急救时最重要的是让中毒者把手指伸进咽部进行催吐，以减少毒素的吸收。同时大量饮用温开水或稀盐水，一方面起稀释毒素的作用，另一方面补充水分和盐分，防止反复的催吐而引起脱水、休克。对昏迷的患者不要强行为其灌水，以防窒息，为患者加盖毛毯保温。

点击——中国常见的毒蘑菇

2007年，北京市卫生监督所在网上公示了中国地区常见的17种毒蘑菇，它们分别为：大鹿花菌、赭红拟口蘑、白毒鹅膏菌、毒鹅膏菌、毒蝇鹅膏菌、细环柄菇、大青褶伞、细褐鳞蘑菇、毛头鬼伞、半卵形斑褶菇、毒粉褶菌、介味滑锈伞、粪锈伞、美丽黏草菇、毛头乳菇、臭黄菇、白黄黏盖牛肝菌。

链接

北京市卫生监督所网站

北京市卫生监督所网站为 www.bjhi.gov.cn，在网页的搜索项中输入"毒蘑菇"，即可找到相关的报道及这17种毒蘑菇的照片。

预防

◆毒蘑菇之钩钩假羊肚

最简单的方法就是不自行采食野生的自己不认识的蘑菇。毒蘑菇一般具有以下特征：色泽鲜艳度高、伞形等菇表面呈鱼鳞状、菇柄上有环状突起物、菇柄底部有不规则突起物、野生菇采下或受损后，其受损部流出乳汁。但是，有部分毒蘑菇像剧毒的毒伞、白毒伞等与食用菌极为相似，极易误食。因此，若无充分把握，不宜随便采食蘑菇。

盘点——毒蘑菇及其毒理

自然界中有毒蘑菇400余种，我国的毒蘑菇有将近100种。它们大多属于担子菌门伞菌目鹅膏属、红菇属、包脚菇属、牛肝菌属，以及子囊菌门盘菌目鹿花菌属，其中引起人严重中毒主要有10种，它们是白毒伞、褐鳞小伞、肉褐鳞小伞、褐柄白毒伞、毒伞、残托斑毒伞、毒粉褶蕈、秋生盔孢伞、包脚黑褶伞和鹿花蕈。毒蘑菇与可食蘑菇在外观上很难区别，故常发生误采野生毒蘑菇食用而导致人的中毒，有时食用干毒蘑菇也可中毒。中毒一年四季都有发生，但以8、9月份阴雨季节最为多见。

◆谨防毒蘑菇

◆毒蘑菇之大理石死亡帽

毒性。毒蘑菇所含的有毒成分非常复杂，往往一种毒素存在于几种毒蘑菇之中，而一种毒蘑菇又可能有多种毒素。多数毒素的毒性较低，但也有些毒素的毒性极高，可迅速致人死亡。毒性较强的毒素主要有毒蕈碱、光盖伞素、致幻剂、毒肽类毒素、鹿花蕈素等，其毒性见下表。

毒蘑菇主要毒素的毒性（mg/kg）

毒素名称	小鼠腹腔注射 LD_{50}	人最小致死剂量估计值	备注
毒蕈碱	5	0.735	
光盖伞素	420		人最小中毒剂量为0.13毫克/千克
鹿花蕈素		20	小鼠经 LD_{50} 为344毫克/千克
毒伞七肽	1.5～2.5		为一类毒肽毒素
毒伞十肽	0.15～0.5		为一类毒肽毒素

发病机制。毒蘑菇所含毒素按其中毒作用机制不同可分为：①引起神经精神症状的毒素，如毒蕈碱、光盖毒素、致幻剂等。毒蕈碱可直接作用于副交感神经节后纤维所支配的效应器（心脏、平滑肌、腺体等），产生毒蕈碱样作用。其他几种毒素的作用机制尚未完全阐明，动物实验表明其中枢神经系统作用与5—羟色胺、多巴胺和肾上腺素等生物活性胺类物质有关。②具有原浆毒作用的毒素，如毒伞七肽、毒伞十肽等毒肽类毒素，主要通过抑制RNA聚合酶的活性，使转录过程受阻，RNA不能正常形成，从而导致细胞破坏。③具有溶血作用的毒素，如鹿花蕈素是一种甲基联氨化合物，可导致红细胞破裂，发生急性溶血。④其他类毒素，如松蕈酸以及一些甲酚样化合物等毒素具有肠道刺激作用，鬼伞毒素可使乙醛脱氢酶失活，阻断乙醇的代谢。

延长人类寿命的发明
——青霉素

青霉素是20世纪20年代末的一项具有划时代意义的发现。在青霉素问世的短短几十年间，便成功挽救了千百万人的生命，使得人类的平均寿命延长了约10年。那么，青霉素是怎样被发现，进入人类的生活中的呢？

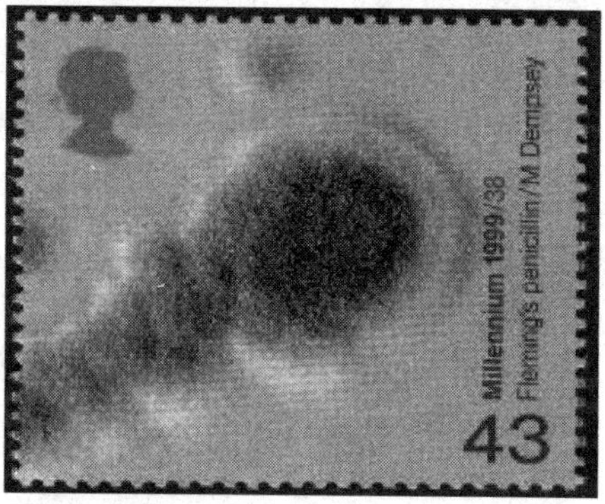

◆青霉素邮票

青霉素是指从青霉菌培养液中提取的分子中含有青霉烷、能破坏细菌的细胞壁并在细菌繁殖期起杀菌作用的一类抗生素。青霉素是第一种能够治疗人类疾病的抗生素。

青霉素的发现

◆亚历山大·弗莱明邮票

20世纪40年代之前，人类一直未能发现一种既能高效治疗细菌性感染，不良反应又小的药物。在那时，若患了肺结核，就意味着此人将会不久于人世。为了改变这种局面，科研人员进行了长期探索，然而在这方面取得的突破性进展却源自一个意外发现。

青霉素的发现者是英国细菌学

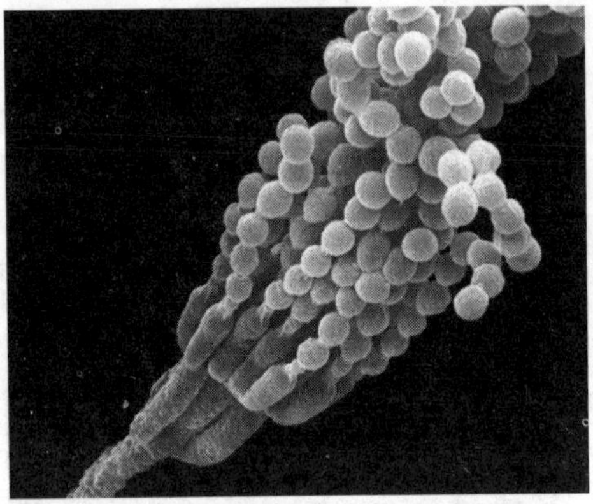
◆青霉素

◆青霉素

家弗莱明。弗莱明原本是研究导致人体发热的葡萄球菌，但是一个偶然的机会让他发现了青霉素。1928年的一天，弗莱明像平常一样准时来到实验室。他发现，有一只培养皿由于盖子没有盖好，其中的培养基发霉了，长出一团青绿色的霉花。他的助手见了，正要把它倒掉，却被弗莱明制止了。当他将这只培养皿放在显微镜下观察时，发现了一个惊人的现象：在霉花的四周葡萄球菌死光了。这个偶然的发现深深吸引了他，他设法培养这种霉菌并进行多次试验，证明该霉菌产生的代谢物质可以在几小时内将葡萄球菌全部杀死而且不具有毒性。

弗莱明把这种具有强大杀菌能力的物质称为“青霉素”。此后，弗莱明根据这项发现写了一篇学术论文，并发表在1929年的英国皇家《不列颠实验病理学杂志》上，然而弗莱明的论文并没有得到学术界的关注。由于论文并没有得到重视，而且当时又不具备提取青霉素的条件，所以弗莱明只好放弃了这项研究。

第二次世界大战的爆发，政府，特别是军队对抗细菌感染药物的需求大量升高。英国牛津大学病理学家弗洛里和德国生物化学家钱恩在1938年从期刊资料中找到了有关青霉素的文献，于1939年开始对青霉素的药理作用及分离纯化技术进行研究，并最终掌握了青霉素的提纯技术。

1945年，弗莱明、弗洛里和钱恩因“发现青霉素及其临床效用”而共同获得了诺贝尔生理学或医学奖。

知识窗

1953年5月，中国第一批国产青霉素诞生，揭开了中国生产抗生素的历史。截至2001年年底，我国的青霉素年产量已占世界青霉素年总产量的60%，居世界首位。

名人介绍：亚历山大·弗莱明

◆业历山大·弗莱明

亚历山大·弗莱明（Alexander Fleming，1881～1955年），英国微生物学家。1881年8月6日出生于苏格兰基马尔诺克附近的洛克菲尔德，是一户农民家庭里8个孩子中最小的一个。7岁丧父，家道中落，13岁时随其兄去伦敦做工，由于意外地得到姑父的一笔遗产，进入伦敦大学圣玛丽医学院学习，1906年毕业后留在母校的研究室，帮助其师赖特博士进行免疫学研究。

在第一次世界大战中，作为一名军医，进行救死扶伤的工作，研究了伤口感染，认识到需要一种有害于细菌而无害于人体的物质。1918年弗莱明返回圣玛丽医学院，加紧进行细菌的研究工作。1922年他发现了一种叫“溶菌酶”的物质，发表了《皮肤组织和分泌物中所发现的奇特细菌》的报告，但抗菌作用不大。1928年在他的实验室里，有一个葡萄球菌培养基暴露在空气之中，受到了一种灰绿色霉的污染，使得培养基中霉周围区域的细菌消失了，他断定这种霉在生产某种对葡萄球菌有害的物质，经过用兔子和白鼠作试验证明不会造成伤害。至此，他终于找到了他长期寻找的物质。由于其由青霉菌

◆弗莱明和他的实验室

◆诺贝尔奖章

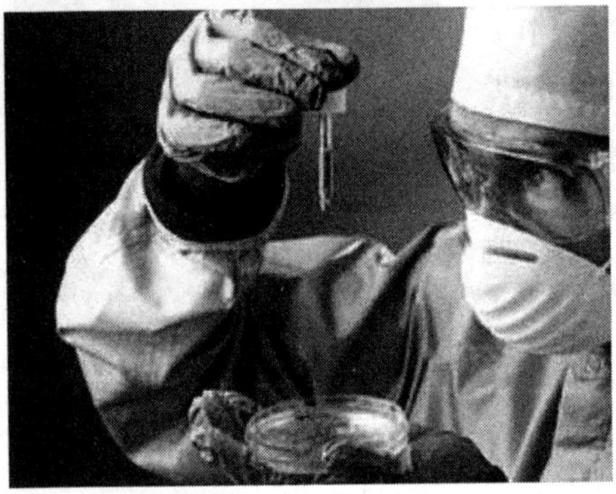

◆青霉素提纯

而产生故命名为青霉素，这种霉菌的外表象毛刷而又称“盘尼西林(Penicillin)”，意思是有细毛的东西。1929年弗莱明在《不列颠实验病理学杂志》上，发表了《关于霉菌培养的杀菌作用》的研究论文，但未被人们引起注意。弗莱明指出，青霉素将会有重要的用途，但他自己无法发明一种提纯青霉素的技术，致使此药十几年一直未得以使用。

1943年弗莱明成为英国皇家学会院士，1944年被赐于爵士。1945年，弗莱明、弗洛里和钱恩因“发现青霉素及其临床效用”而共同获得了诺贝尔生理学或医学奖。1915年弗莱明结婚，儿子是个普通的医生，夫人于1949年去世，1953年再次结婚。1955年3月11日与世长逝，安葬在圣保罗大教堂。匈牙利于1981年发行了弗莱明诞生100周年的纪念邮票。

青霉素的不良反应

青霉素的作用机理在于破坏细胞壁的形成过程及其结构，而人体的细胞并没有细胞壁，因此青霉素是各类抗生素中不良反应最小的。虽然青霉素对人体基本没有药理毒性，但是大剂量的青霉素也可能导致神经系统中毒。产生不良反应的主要原因在于青霉素的纯度不够，所含的杂质易使人体产生过敏反应。主要的不良反应有以下几种：

(1) 青霉素类的毒性很低，但较易发生变态反应，多见的为皮疹、哮喘等，严重时可致引起过敏性休克而死亡。

（2）大剂量使用青霉素抗感染时，可能出现一些神经症状，如抽搐、昏睡、反射亢进、知觉障碍等，停药或减少剂量后可恢复。

（3）使用青霉素前必须作皮肤过敏试验（俗称皮试），以防发生过敏反应。

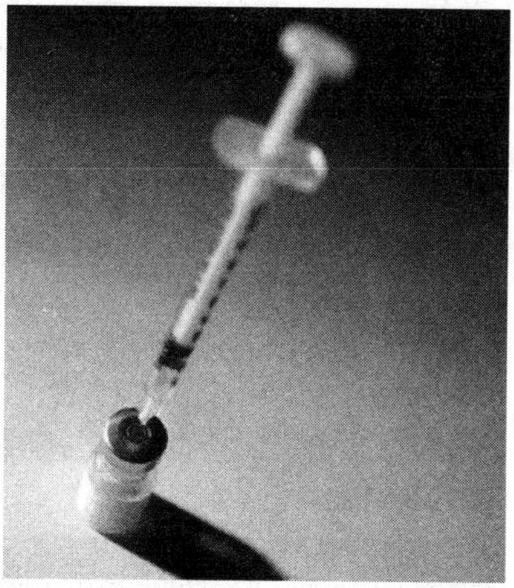

◆皮肤过敏试验

小贴士——青霉素皮试

经多年研究证实，由青霉素所致的速发型过敏反应并非药物本身所致，而和药物中存在的高分子杂质有关。大多数人都知道，注射青霉素要皮试，而对口服阿莫西林这些青霉素类药物需做皮试仍存有不解。那么，口服阿莫西林等青霉素类药物需要做皮试吗？

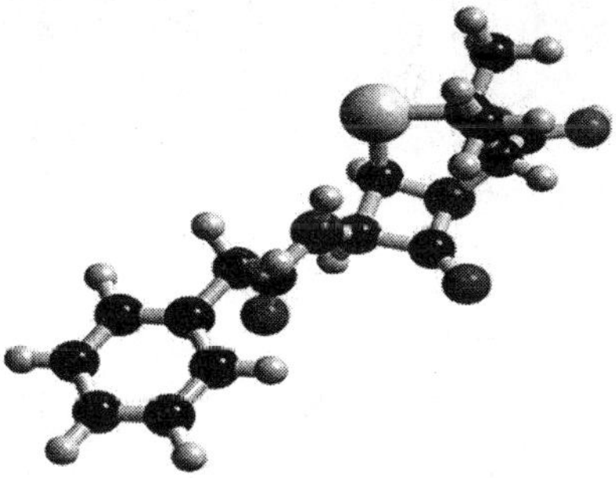

◆青霉素分子模型

国家食品药品监督管理局批准的阿莫西林胶囊说明书中强调“青霉素过敏及青霉素皮肤试验阳性者禁用”，而阿莫西林颗粒说明书也说“青霉素过敏者禁用”以及“用前必须做青霉素钠皮肤敏感试验，阳性反应者禁用”。因此，可以明确地说，口服阿莫西林等青霉素类药物应做皮试，若为阴性方可口服。

青霉素皮试应在医院进行。医院多采用专门的青霉素皮试剂，皮内注射 0.1 毫升，若 20 分钟后，皮试局部出现红肿并有伪足，皮丘直径超过 1 厘米，或出现头晕、胸闷及全身发痒等症状，均为阳性。为增进口服阿莫西林皮试必要性的认识，提醒患者注意如下事项：

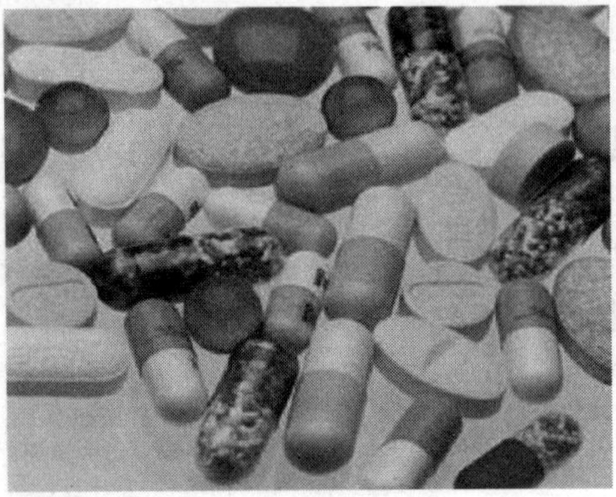
◆谨慎使用药物

◆适宜的水温冲服

1. 过敏体质的人需加倍小心。大多数人口服青霉素是安全的，但也有一些人尤其是过敏体质的人可能对青霉素类药物高度过敏，存在用药后发生过敏性休克的极大危险。

2. 警惕交叉过敏反应。对青霉素类药物存在过敏史者，对某些头孢类药物也可能存在过敏性。科学研究证实，10%～30%对青霉素过敏者对头孢类药物也过敏，而绝大多数对头孢类药物过敏者对青霉素同样过敏。

3. 严格按说明书或遵医嘱用药。首次用阿莫西林者，建议在医院服用，就地观察至少20分钟，无不良反应后再离开。对于无过敏史的，成人在7日内，小儿在3日内未用青霉素者，均应重新做皮试。

4. 更换药物品种、生产厂家及批号，需重新做皮试。先前皮试过敏的，一段时间后可能不过敏；而原先不过敏者，隔些时候又可能过敏了。其中的原因很复杂，有人体自身体质、免疫状况变化的原因，也有药物本身的纯度和分解产物、杂质的原因。

5. 正确冲服阿莫西林颗粒。冲服阿莫西林颗粒时，应注意控制水温，不宜太热，以不超过40℃为宜，以防阿莫西林在热水中加速分解，形成高分子的过敏性聚合物，导致过敏反应发生。

总之，无论是注射还是口服青霉素类药物都应慎重，皮试阳性者禁用青霉素类药物。

魔高一尺，道高一丈
——病菌与抗生素

青霉素问世后，抗生素成了人类战胜病菌的神奇武器。然而，人们很快发现，虽然新的抗生素层出不穷，但是抗生素奈何不了的病菌也越来越多。这又是为什么呢？抗生素究竟是何方神圣？

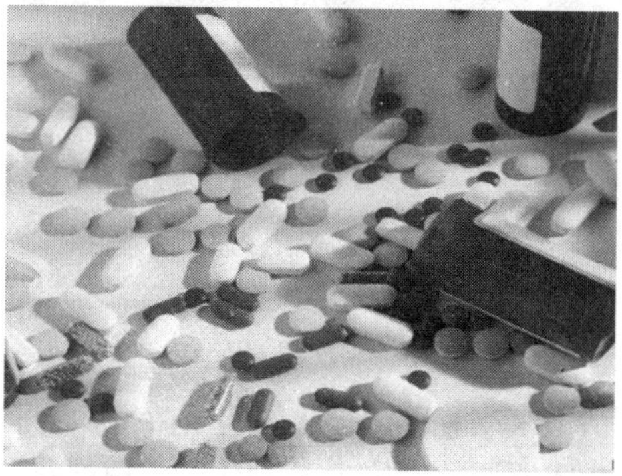
◆抗生素

抗生素

很早以前，人们就发现在微生物内部，有一些微生物会对另一些微生物的生长繁殖起抑制作用，并把这种现象称为抗生。随着科技的发展，人们从某些微生物体内找到了具有抗生作用的物质，并将其称为抗生素。由于最初发现的一些抗生素主要对细菌有杀灭作用，所以人们一度将其称为抗菌素。但是随着抗生素的不断发现，陆续出现了抗病毒、抗衣原体等的物质，于是便将抗菌素改称为抗生素。即抗生素是由某些微生物在生活过程中产生的，对某些其他病原微生物具有抑制或杀灭作用的一类化学物质。

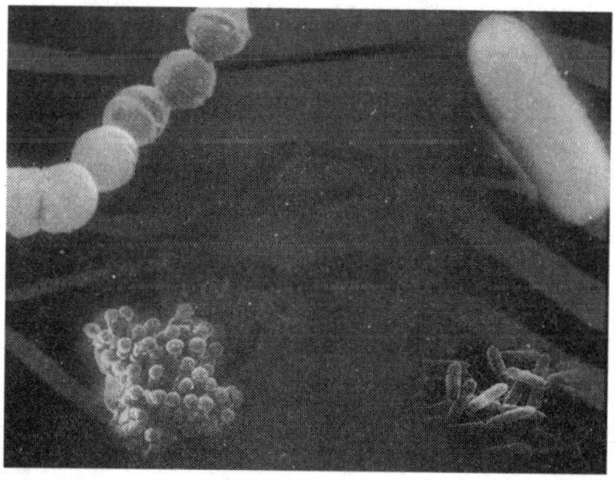
◆微生物

后抗生素时代

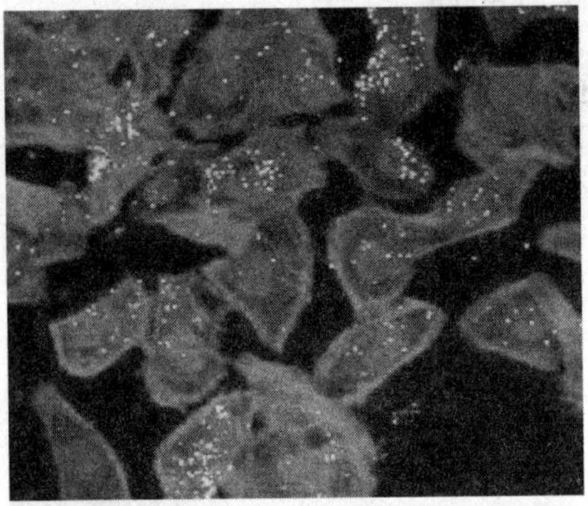

◆抗生素作用于细胞

人类发现抗生素并将其投入应用，可以算是人类的一大革命，人类有了可以同死神进行抗争的一大武器。但是，在人们应用抗生素治疗疾病时候，也锻炼了细菌的耐药能力。当这些微生物再次感染其他病人的时候，就对原来使用的抗生素产生了一定的耐药性，如此反复传播，最终这种抗生素对它将不再产生作用。这样下去，这些历经千锤百炼而存活下来或者得以进化的病原微生物将有可能面临无药可灭的情况，人类将步入所谓的后抗生素时代——现在越来越多的细菌对抗生素产生耐药性，严重威胁了人类的生存和健康，届时全球将面临药品无效，好像又回到了以前没有抗生素的时代一样。

点击——中国抗生素产量全球第一

◆中国抗生素 60 年高峰论坛现场

我国于 2009 年 9 月 16 日召开了中国抗生素 60 年高峰论坛。获悉，60 年来，中国抗生素产量总体规模已达世界第一，在青霉素、链霉素、四环素、土霉素和庆大霉素等原料药生产方面拥有绝对优势，并在数十个产品的研发、生产、定价、市场等方面打破了欧美国家的垄断地位，形成了一批规模化产业集团和完整产业链，抗生素品种研发实力不断提升，100

余个抗生素品种实现了产业化。

据统计，目前中国抗生素的产量合计 14.7 万吨，其中 2.47 万吨用于出口。全世界 75%的青霉素工业盐产于中国，80%的头孢菌素类抗生素产于中国，90%的链霉素类抗生素产于中国。

中国是世界上率先制造出青霉素的 7 个国家之一。1944 年，中国生产出了第一批 5 万单位/瓶的青霉素，挽救了不少人的生命。1950 年，青霉素钾盐结晶试验成功，并在上海第三制药厂投入生产。但当时全国抗生素的总产量只有几十吨。

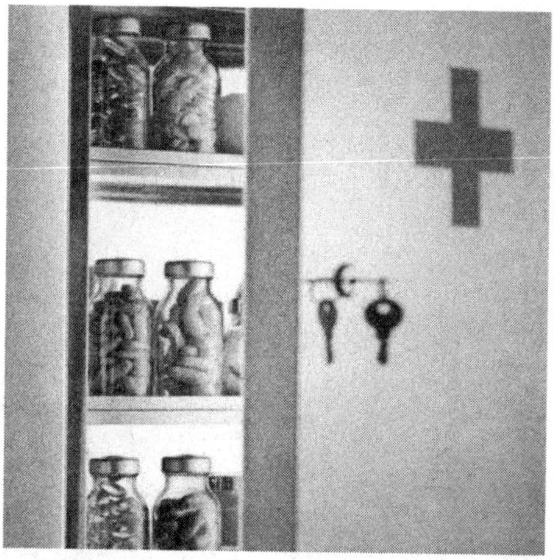

◆理性看待和使用抗生素

此后的 60 年中，中国抗生素的生产量以极快的速度增长。抗生素的普及使许多曾经严重危害人类生命的感染性疾病得到了有效的控制。据专家介绍，出生婴儿死亡率和手术后感染率因此大幅度降低，人类的平均寿命延长了 15～20 年。

目前，中国已成为全球抗生素产量最大的国家，年产 14.7 万吨，在许多原料药生产方面已在全球拥有绝对优势。同时，中国也是抗生素用量大国，医院的药物消耗量中，30%左右为抗生素药，有的基层医院则高达 50%。

菌虫合体——冬虫夏草

◆冬虫夏草

我们常说的名贵中药“冬虫夏草”，它既不是草，也不单纯是虫，而是一种真菌与某种昆虫幼虫的复合体。近年来，冬虫夏草的价格节节攀升，究竟是什么原因使得它的身价大涨？它又有何特殊的功效呢？

冬虫夏草

◆野外的冬虫夏草

冬虫夏草，又称为夏草冬虫，别名中华虫草，简称虫草。它是一种传统的名贵、滋补的中药药材，具有补肺益肾、止血化痰的功效。用于久咳虚喘，劳嗽咯血，阳痿遗精，腰膝酸痛。《本草从新》记载，冬虫夏草“保肺益肾，止血化痰，已劳嗽”；《药性考》记载：“秘精益气，专补命门”。

其实，冬虫夏草是由称为“冬虫夏草”的真菌寄生在一种叫做蝙蝠蛾的昆虫体内，经多方作用后形成的。而我们所提到的冬虫夏草多为野生的虫草，因为它的生长环境难以模拟。

每当盛夏，在海拔 3000～5000 米的高山雪线附近的草坡上，冰雪消融。蝙蝠蛾便在此时将千千万万个虫卵留在花叶上，继而虫卵生长成小虫，钻进潮湿疏松的土壤里，吸收植物根茎的营养，将身体养得洁白肥胖。就在这时，若真菌冬虫夏草的孢子遇到了蝙蝠蛾的幼虫，便钻进虫体内部，开始它的寄生生活。而受到真菌感染的幼虫，逐渐蠕动到距地表 2～3 厘米的地方，头上尾下而死。这就是所谓的“冬虫”。幼虫虽死，体内的真菌却继续生长，直至充满整个虫体。来年春末夏初，虫子的头部长出一根紫红色的小草，高约 2～5 厘米，顶端有菠萝状的囊壳，这就是“夏草”。

◆雪线附近的山坡

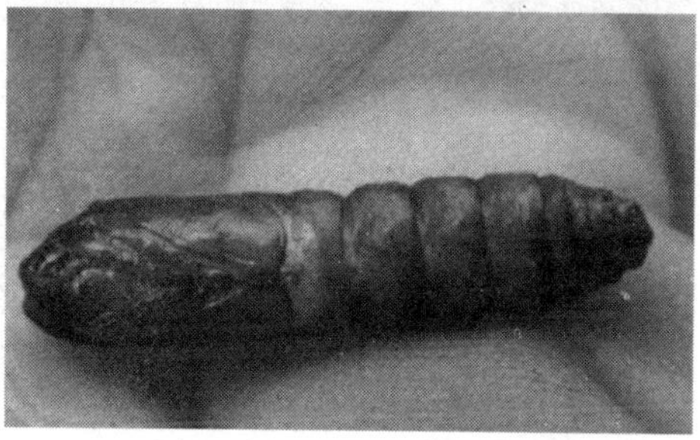

◆“冬虫”

这样，幼虫的躯壳与真菌的菌丝共同组成了一个完整的“冬虫夏草”。真菌把虫体作为养料，生长迅速，虫体一般为 4～5 厘米，真菌一天之内即可长至虫体的长度，这时的虫草称为“头草”，质量最好；第二天，真菌长至虫体的 2 倍左右，称为“二草”，质量次之。青海，云南省迪庆、怒江州是我国虫草的主要产地。

广角镜——冬虫夏草的采集

冬虫夏草主要生长在 3000 米海拔以上的森林草甸或草坪上，而具备这种条件的主要是青藏高原地区，因而青藏高原是冬虫夏草的主产区。青海省的产量占据整个冬虫夏草产量的 70% 以上，其次是西藏和四川。此外，甘肃和云南也有冬虫夏草分布，不过数量较少。

冬虫夏草的品质基本上遵循这么一个规律，海拔越高，虫草质量越好。从品相上说，以青海玉树跟西藏那曲的虫草品质最好；青海果洛和西藏昌都地区次之；四川阿坝藏族自治州的部分虫草品质也很好，剩余的比如青海海东、同仁、贵德、西藏的林芝、八一地区的虫草质量相对较差。

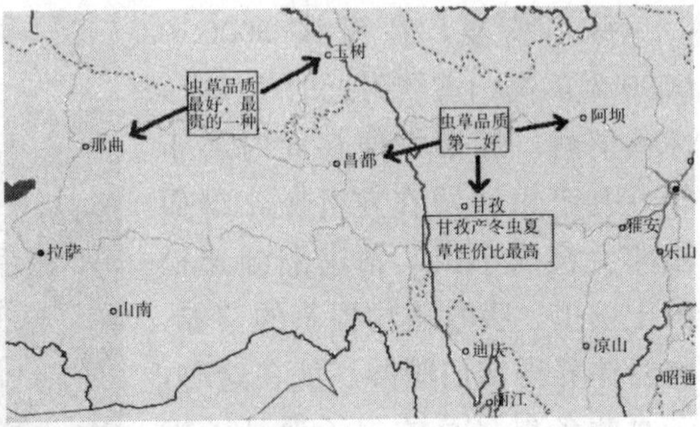

◆虫草产区及其品质

每年的农历四至五月间，积雪溶化的时候，便是冬虫夏草采收的季节，此时冬虫夏草出苗未超过一寸，如果过了这个时节，苗则会枯死，其他杂草也会生长极快，冬虫夏草则踪影全无。掌握了虫草的生长环境和采集季节后，寻找药源、掌握采挖技术是保证产量的关键。据产区有经验的老人介绍，寻找虫草一定要把腰弯下来，或者趴在地上仔细观察，只要发现一根虫草，附近肯定还有。而且，普遍规律是早晨易找，正中午难找。在最密处 1 平方米可发现虫草 10～20 根。采挖虫草是一项细致而又耐心的工作，最好使用小铁棍或小木棒等工具刨挖虫草。距离在菌苗周围一寸左右。太近或太远都容易挖断虫体。也不可用手直接拔苗采挖。

◆采集冬虫夏草

◆冬虫夏草的囊皮

青藏加工虫草方法很简单，把挖出的虫草及时剥去外面附着的一层黑褐色囊皮，干后除净。传统的包装方法是以 6～8 条，用小红绳扎成一小捆。冬虫夏草的贮藏要求不高，一般来说，只要在产区通过正常的干燥方法处理后，放在通风的环境下，是不会变质发霉的。如果环境太潮湿，可以考虑用密封袋包装后保存在冰箱中。

真假虫草

人类权威医学研究发现，正品西藏那曲冬虫夏草，也就是我们传统意义上的冬虫夏草，是世界上目前所知对人体健康有益的最好虫草。

有着“软黄金”之称的冬虫夏草，其价格从20世纪80年代的每千克200～300元，迅速上涨到现在的几万至十几万元不等。在价格飞涨、身价贵比黄金的市场背景下，有些不法分子，以每千克几十元收购的虫草，掺假、冒充正品西藏那曲冬虫夏草欺骗广大消费者，以此来获取暴利。下面，我们来一起来认识正宗的冬虫夏草。

◆西藏那曲冬虫夏草

◆几可乱真的假虫草

（1）从形体上识别。冬虫夏草形体如蚕：长3～5厘米，粗0.3～0.8厘米。

（2）从环纹上识别。冬虫夏草环纹粗糙明显，近头部环纹较细，有20～30条环纹。

（3）从表面颜色上识别。冬虫夏草的外表呈土黄色或黄棕色。

（4）从虫足上识别。冬虫夏草全身有足8对，其中近头部3对，中部4对，近尾部1对，并以中部4对最为明显。

（5）从头部的子实体上识别。冬

◆假虫草——植物根

虫夏草头部的子实体为深棕色，圆柱形，长4～8厘米，粗0.3厘米，表面有细小的纵向皱纹，顶部稍膨大，分枝虫草头部的子实体为黑褐色，多有1～3个分枝，柄细多弯曲，湿润后易剥离。

知识库——蛹虫草

◆野生蛹虫草

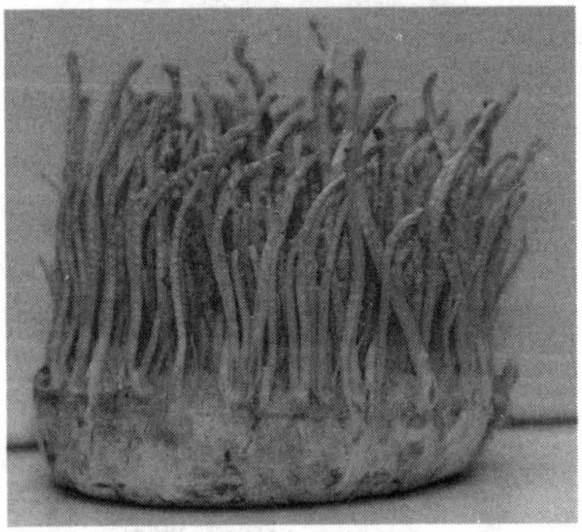

◆人工蛹虫草

蛹虫草亦称为北虫草、蛹草，主要分布在我国吉林、河北、陕西等省。蛹虫草可以算是冬虫夏草的“兄弟”，即由子座（即草部分）与菌核（即虫的尸体部分）两部分组成的复合体。它们的形成机理基本相同：冬季幼虫蛰居土里，菌类寄生其中，吸取营养，幼虫体内充满菌丝而死；到了夏季，自幼虫尸体之上生出幼苗，形似草，夏至前后采集而得。其主要的化学成分药理、药效与野生冬虫夏草极为相似，据《全国中草药汇编》记载：“北虫草的子实体及虫体可作为冬虫夏草入药”。

世界上分布的天然蛹虫草资源数量很少，而人工栽培的周期也比较长，因而蛹虫草的价格也是不菲的。在外部颜色上，蛹虫草较冬虫夏草鲜艳，特征子座单生或数个一起从寄生蛹体的头部或节部长出，颜色为橘黄或橘红色，全长2～8厘米，蛹体颜色为紫色，长约1.5～2厘米。

蛹虫草较之冬虫夏草，具有几个无可比拟的优点：

1. 蛹虫草为虫草属的模式种，分布广泛，为世界各国学者所认识和接受。

2. 蛹虫草已在人工条件下育成了完整子座。

3. 蛹虫草含有虫草菌素和虫草多糖，其独特药理作用已日益引起药学界的高度重视。由于蛹虫草具有以上优点，成为虫草属中药用虫草菌中的佼佼者。

延年益寿的“仙草”——灵芝

在古代中国，与人参一样，灵芝就像是一种被神化的药材。灵芝，不仅仅显示着富贵与权势，还代表着长寿与健康。但是，灵芝并不是传统中的“草药”，而是一种大型真菌。那么，这传说中包治百病的灵芝究竟是何方神圣，它真有如此巨大的功效吗？

◆百岁灵芝

灵芝

◆灵芝

《神农本草经》将灵芝列为上品，谓紫芝“主耳聋，利关节，保神益精，坚筋骨，好颜色，久服轻身不老延年”；谓赤芝“主胸中结，益心气，补中增智慧不忘，久食轻身不老，延年成仙”。

灵芝是中国中医药宝库中的珍品，素有“仙草”之美誉。古今药理与临床研究均证明，灵芝确有防病治病、延年益寿之功效。在《神农本草经》与《本草纲目》等古籍中，都对灵芝的功效有详细的记载。现代医学实践进一步证实了灵芝的药理作用，证实了灵芝多糖是灵芝扶正固本、滋补强壮、延年益寿的主要成分。目前，灵芝作为药物已经正式被国家药典收载。同时，它也是国家批准的新资源食品，药食两用，无不良反应。

◆人工栽培灵芝

科学研究表明，灵芝的有效药理成分十分丰富，可分为十大类，包括灵芝多糖、灵芝多肽、三萜类、16种氨基酸（其中含有七种人体必需氨基酸）、蛋白质、甾类、甘露醇、香豆精苷、生物碱、有机酸（主含延胡索酸），以及微量元素Ge、P、Fe、Ca、Mn、Zn等。对人体具有双向调节作用，所治病种，涉及心脑血管、神经、消化、呼吸、运动、内分泌等各个系统，对肝脏病变、肿瘤、失眠以及衰老的防治作用十分显著。

广角镜——灵芝与如意

灵芝又称瑞芝、瑞草，乃为仙品。古传说食之可保长生不老，甚至入仙。因此它被视为吉祥之物，如梅花鹿口衔灵芝表示长寿。

如意，是一种象征吉祥的传统器物。如果你仔细地观察，你就会发现它与灵芝有形似之处——如意的头部取灵芝之形以示吉祥。

◆灵芝与如意

野生灵芝的鉴定

上述我们所说的灵芝多指野生灵芝。目前，国内兴起了人工栽培灵芝的热潮，但由于其先天的缺陷，人工栽培灵芝也只是“得其形而失其实”，其药效远远不能和野生灵芝相媲美。下面，我们一起来认识野生灵芝与人工栽培的灵芝的所含成分的对比。

类　别	野生灵芝	养殖灵芝	破壁孢子粉
有机锗	800～2000ppm	无	无
多糖	2.3%	0.4%	0.75%
灵芝酸	15	5	极少
总三萜	100多个种类	少量	极少
腺苷萜	25个种类	少量	极少
微量元素	完全配合	差异极大	差异极大
其他成分	150多种	10多种	10多种

然而，随着野生灵芝资源的过度开采，真正的野生灵芝已经越来越稀少，许多菌种还面临灭绝的危机，野生灵芝的价格也因此居高不下。一些经销商贪图利益，用人工栽培的灵芝欺骗消费者，将其以高价售出。

◆野生灵芝

下面是一些鉴别野生灵芝的方法。

色泽。野生灵芝在自然环境下生长，经历日晒雨淋，色泽较深。另外，由于野生灵芝孢子粉成熟后随风吹日晒散落，表面无孢子粉，比较光滑。人工栽培灵芝表面残留有少许孢子粉，颜色也比较淡。

味道与气味。野生灵芝由于长期经历风吹日晒，散失其特有香味，因此香味较淡，甚至没有气味；而人工栽培的灵芝香味较浓郁。

大小。野生灵芝的品种不尽相同，形状也各有特点。因而野生的灵芝一般大小不一，而人工栽培的灵芝由于是一起播种且生长环境相同，大小相差不多。

虫眼。人工栽培的灵芝一般情况下农药控制管理比较严格，是几乎不会有虫眼的；而野生灵芝自然生长，是会受到野虫的侵害，所以有时子实体下方都会留有不规则虫眼。

美食讲堂——灵芝的做法

◆切片灵芝

◆灵芝炖牛肉

◆灵芝银耳羹

下面为大家介绍几种简单易行的灵芝做法：

1. 灵芝水煎法

将灵芝切碎（灵芝切片），加入罐内，加水，像煎中药一样地熬水服，一般煎服3～4次；也可以连续水煎3次，装入温水瓶慢慢喝，每天喝多少都无限制，有利于治疗甲亢、失眠、便溏、腹泻等症。

2. 灵芝泡酒

将灵芝剪碎（灵芝切片）放入白酒瓶中密封浸泡，3天后，白酒变成红棕色时即可喝，还可加入一定的冰糖或蜂蜜，适于神经衰弱、失眠、消化不良、咳嗽气喘、老年性支气管炎等症。

3. 灵芝炖肉

无论猪肉、牛肉、羊肉、鸡肉，都可以加入灵芝炖，按各自的饮食习惯加入调料喝汤吃肉，有益于肝硬化治疗。

4. 灵芝银耳羹

灵芝9克，银耳6克，冰糖15克，用小火炖2～3小时，至银耳成稠汁，去除灵芝残渣，分3次服用，治咳嗽，心神不安，失眠梦多、怔忡、健忘等症。

5. 灵芝黑白木耳汤

灵芝6克，黑木耳（云耳）6克，白木耳（银耳）6克，蜜枣6枚，瘦猪肉200克。滋补肺、胃，活血润燥，强心补脑，防癌抗癌，降血压、降脂血，预防冠心病。

人类的好帮手

——造福生活的真菌

事物总是一分为二的，并没有绝对的好或坏，重点在于我们如何看待和应用它。只要你留心观察，就会发现，其实我们生活中的许多事物都与真菌有关。真菌广泛地被应用于工业生产、医疗用药，甚至在创建新型节约型社会中。天生我材必有用，让我们一起来聆听真菌是如何诠释这句话的。

健康食品——食用菌

香菇、蘑菇、平菇、凤尾菇、金针菇，这些在我们餐桌上常见的蘑菇到底有什么魔力，竟让我们无法抵挡它们的魅力，深深地爱上它们的味道？黑木耳、银耳，这些被我们称为富含各种微量元素的健康食品，对我们的健康又有何益处？

◆食用菌

食用菌的营养价值

食用菌，简单地说，就是能供人类食用的大型真菌。目前，我国已知的食用菌达350多种，常见的有香菇、银耳、木耳、红菇和猴头菇等。

◆凤尾菇

食用菌不仅味道鲜美，而且营养丰富，被人们称为健康食品。以菇类为代表，其蛋白质含量一般为鲜菇1.5%～6%、干菇15%～35%，含量高于一般的蔬菜，而且它所含的氨基酸种类比较多，大多含有人体必需的八种氨基酸；它还含有多种具有生理活性的矿质元素和维生素，如钙、铁、磷、钠、钾等微量元素及维生素 B_1、B_{12}、C、D、K，可以补充其他食品中的不足。

近年来还发现在香菇、蘑菇、金针菇、猴头菇中含有增强人体抗癌能力的物质。

知识库——可提高记忆力的三种食用菌

◆香菇菜心

◆猪脑炖木耳

食用菌大多性味甘平，具有补养之功，对人体有良好的保健作用。食用菌除含有水分、糖类、蛋白质及微量的钙、磷、铁外，尚含有一些生物活性物质。食用菌的补养之功有一个突出的特点，那就是对大脑有良好的补益作用。以下三种食用菌是我们常见的，也比较适合家庭食用操作。

1. 香菇

香菇能增进食欲，促进发育，增强记忆，对促进儿童智力的发育和延缓老人智力的衰退有着特殊的功能。香菇含有蛋白质、氨基酸、脂肪、粗纤维、维生素B族、维生素C、烟酸、钙、磷、铁等成分。蛋白质含量在菌类食物中最高，其中人体必需氨基酸就有7种。还含有香菇素、胆碱、亚油酸、香菇多糖及30多种酶。这些营养成分对脑功能的正常发挥有重要的促进作用。

2. 蘑菇

蘑菇味鲜美，能增进食欲，调养胃气。鲜蘑菇水煎或做菜，可辅助治疗急慢性肝炎；蘑菇炖汤可缓解咳嗽气逆症状。蘑菇还具有加强机体结构活性的能力。若体虚者食用，可增强人体的免疫功能。

3. 黑木耳

黑木耳所含的磷脂主要是脑磷脂、卵磷脂、鞘磷脂、麦角甾醇，这对脑神经的生长发育有良好的滋养作用。黑木耳是高蛋白质、低脂肪食物，久服可以健脑益智，久病体虚、腰膝酸软、肢体麻木、失眠多梦、眩晕、健忘者可经常食用。

食用菌的生产历史

◆武当红菇

◆羊肚菌

中国是世界上最早认识食用菌的国家之一。在我国早期的历史文献中，对菌类的栽培进行了记述。早在2000年前的《吕氏春秋》中载有“味之美者，越骆之菌”；东汉王充的《论衡》中谈到“紫芝”可以像豆类在地里栽培。贾思勰在《齐民要术》的“素食篇”中详细介绍了木耳菹的做法。段成式在《酉阳杂俎》中记录了关于竹荪的描述。苏恭等人著的《唐本草注》中记载了原始木耳栽培法——煮浆粥安诸木上，以草覆之，即生蕈尔。在唐代韩鄂的《四时纂要》中，则比较详细地叙述了用烂构木及树叶埋在畦床上栽培构菌的方法，在“种菌篇”中还对菌的种植、管理、采收、贮藏以及其有无毒性、能否食用，作了具体的叙述。南宋陈仁玉撰写了第一部《菌谱》，其中列述了浙江东南部11种食用菌的名称，并对它们的风味、生长习性和出菇环境等作了精辟的论述。

◆滑菇豌豆

虽然上述的办法都比较原始，但是它记录了我国食用菌的发展历史，为后来半人工栽培提供了雏形。在这一阶段中，几乎是完全靠食用菌的孢子漫天飞，天然生产，人们只是认识了现象，概括就是“孢子飞扬，天然生长”。

食用菌的产业化

◆食用菌大棚

◆人工栽培食用菌

在近几十年来，人们逐渐认清食用菌的生长规律，并对传统的单纯依靠孢子、菌丝自然传播的生产方式进行了改进。通过人工培养栽培种的菌丝，加快了食用菌的繁殖速度，并增加了获得高产的可能性。

在1950年，全世界较大面积栽培的食用菌约为5类，产量约7万吨，在西欧一些国家，每平方米栽培面积的平均产量为2千克左右。到1980年，较大面积栽培的食用菌已超过12类，产量约121万吨，有些国家每平方米栽培面积的产量甚至已经提高到27千克。

我国广泛栽培的食用菌有蘑菇、香菇、草菇、平菇、滑菇、木耳、银耳等7类，1982年总产量约15万吨，到2005年，我国食用菌的总产量达1200万吨，位居世界第一。全国最大的食用菌生产基地是古田县。该县食用菌生产量大、出口量位居全国之首，其中银耳的产量竟可达全国生产总量的90%，是中国的食用菌生产之都。虽然我国是食用菌产量最大的国家，但年人均消费量不足0.5千克，而美国的年人均量为1.5千克、日本的年人均量为3千克。

据调查，国外的食用菌人均消费量正以每年30%的速度递增。另一方面，目前我国的食用菌消费量虽然并不高，但是食用菌消费市场的潜力是巨大的。随着人们对自身健康的日益关注，食用菌作为一种价廉的健康食品必将逐渐占领市场。

广角镜——中国国际食用菌烹饪大赛

近年来，中国食用菌协会、国际蘑菇学会、中国烹饪协会和中国世界烹饪联合会共同主办了五届国际食用菌烹饪大赛活动。大赛活动已于2005年、2006年、2007年、2008年和2009年，分别在承德、北京、遵化成功地举办了五届国际食用菌烹饪大赛活动。五年间共有700多位参加团体赛和个人赛的选手参与比赛，其中还包括多位境外国家和地区参赛、观摩及表演的选手。大赛活动在国内及国际食用菌行业和餐饮业引起了很大反响，为推进全球食用菌产业健康发展起到了积极作用。

为进一步加大赛事活动的影响力，我国于2010年下半年举行了第六届中国国际食用菌烹饪大赛。本届赛事活动分为表演赛和主产地冠名赛两种形式，为6月12日至6月14日在北京举办的“第六届中国国际食用菌烹饪大赛的表演赛”和9月12日至9月13日在黑龙江省牡丹江市举办的“第六届中国国际食用菌烹饪大赛牡丹江杯邀请赛”。同时，还有一些主产地正在积极筹备食用菌餐饮文化节活动。

魔术酿酒师
——酒中的真菌

自古以来，酒并不单纯只是酒而已，它总是与文学、生产工艺同在，形成了独特的酒文化。酒不醉人人自醉，枭雄曹操“何以解忧，唯有杜康”，我们的诗仙李白无酒不欢……那么，这醉人的真菌是如何炼成的？

◆诗仙李白

中国酒的起源

晋代文人江统的《酒诰》中有段关于酒的起源的介绍：“酒之所兴，肇自上皇；或云仪狄，一曰杜康。有饭不尽，委之空桑，积郁成味，久蓄气芳，本出于此，不由奇方。”这段话说酒的起源是由于把剩饭倒在桑树林，粮食郁积，久蓄则变味成酒，而不是由某个人发明的。那么酒到底是怎样、何时酿出来的呢？有以下几种说法：

◆黄帝雕像

酿酒始于黄帝时期。汉代成书的《黄帝内经·素问》中有黄帝与医家歧伯讨论“汤液醪醴”的记载，《黄帝内经》中还提到一种古老的酒——醴酪，即用动物的乳汁酿成的甜酒。但《黄帝内经》一书是后人托名黄帝之作，可信度尚待考证。

仪狄酿酒。仪狄是夏禹的一个属下，《世本》相传“仪狄始作酒醪”。公元前二世纪《吕氏春秋》云：仪狄作酒。汉代刘向的《战国策》说：“昔者，帝女令仪狄作酒而美，进之禹，禹饮而甘之，曰：‘后世必有饮酒而亡国者。’遂疏仪狄而绝旨酒”。

杜康酿酒。另一则传说认为酿酒始于夏朝时代的杜康。东汉《说文解字》中解释“酒”字的条目中有：“杜康作秫酒。”《世本》也有同样的说法——“杜康造酒”。

◆仪狄酿酒

点击——中国酒史大事记

◆酒

公元前359～前338年　商鞅变法，税重抑商，酒价十倍于成本。

公元前221～前206年　《秦律》，禁川余粮酿酒，沽卖取利。

公元前138年　张骞出使西域带回葡萄，引进酿酒艺人，中土开始有了葡萄酒。

公元前98年　汉武帝采纳理财家桑弘羊的建议，设立“酒榷”官司，实行了酒类专卖制度，实行了17年之久。

公元前81年　汉代始元六年，官卖酒，每升四钱，是酒价的最早记载。

533～544年　贾思勰撰《齐民要术》92篇，其中6～9专论制曲、酿酒，为世界上最早的酿酒工艺学。

1656年　泸州一舒姓人，开设“舒聚源”典酒坊，据传所用酒窖沿用至今，故酒名“泸州老窖特曲”。

1842年　四川成都全兴老号糟坊建立，产全兴大曲酒。

1860年　江西人华联辉在茅台镇创成裕烧房，生产茅台酒，是为“华茅”。

◆葡萄酒窖

光绪年间　俞敦培辑《酒令丛钞》四卷，收录酒令322种，为清末前集酒令之大成者。

1904年　哈尔滨东三省啤酒厂建立，它是我国民族资产阶级自己建立的最早的啤酒生产企业。

1915年　茅台在巴拿马万国商品赛会上荣获金质奖章。

1946年8月　国民政府公布《国产烟酒类税条例》。

1952年　第一届全国评酒会在北京举行。

1954年　青岛啤酒作为中国的啤酒品牌第一个进入了国际市场。

1958年　中国成立第一所酿酒大学——张裕酿酒大学。

1980年　河南商代后期古墓中出土了最古老的酒，现存于故宫博物院。

1987年9月1～5日　中国第一个名酒节在酒城泸州举行。

1996年　中国出现第一个“白酒博士”徐岩副教授和“啤酒博士”李崎副教授。

1996年6月9日　辽宁锦州市凌川酒厂在老厂搬迁时在地下80厘米处发掘出4个庞大的木制酒海，其中存有2000余千克白酒，该酒封藏于道光二十五年即公元1845年。

啤酒的制作工艺

当代社会，在世界范围内最流行的酒应该就属啤酒了。虽然世界上酒的品种很多，口味各不相同，制作工艺也各有特色，但是发酵的基本原理都是相同的。下面，我们就以啤酒的制作工艺为例，为你揭开酿酒的面纱。

啤酒生产过程主要分为：制麦、糖化、发酵、罐装四个部分。

麦芽由大麦制成。麦芽在送入酿造车间之前，先被送到粉碎塔。在这里，麦芽经过轻压粉碎制成酿造用麦芽。然后将粉碎的麦芽与水在糊化锅中混合，麦芽和水经加热后沸腾，这些天然酸将难溶性的淀粉和蛋白质转变成为可溶性的麦芽提取物，称作“麦芽汁”。然后麦芽汁被送至称作分

◆啤酒

离塔的滤过容器过滤后并加入酒花和糖。

混合物被在煮沸锅中煮沸以吸取酒花的味道，并起色、消毒。煮沸后，加入酒花的麦芽汁被泵入回旋沉淀槽以去除不需要的酒花剩余物和不溶性的蛋白质。洁净的麦芽汁从回旋沉淀槽中泵出后，被送入热交换器冷却。随后，麦芽汁中被加入酵母，开始进入发酵的程序。

小知识

全世界有三大啤酒麦产地，澳洲、北美和欧洲。其中澳洲啤酒麦因其讲求天然、光照充足、不受污染和品种纯洁而最受啤酒酿酒专家的青睐，所以它又有金质麦芽之称。

广角镜——酒花

酒花是属于荨麻或大麻系的植物。酒花生有结球果的组织，正是这些结球果给啤酒注入了苦味与甘甜，使啤酒更加清爽可口，助于消化。它的提取液应在工艺的最后阶段加入，这样更有利于控制最终的苦味轻重。不同品牌选用不同的优质酒花，使其味道、口感各不相同。

◆酒花

◆啤酒发酵罐

酵母是一种真菌。在啤酒酿造过程中，它就像是魔术师，把麦芽和大米中的糖分发酵成啤酒，产生酒精、二氧化碳和其他微量发酵产物，即发酵过程。发酵在8个小时内发生并以加快的速度进行，积聚一种被称作“皱沫”的高密度泡沫。通常，贮藏啤酒的发酵过程需要大约6天，淡色啤酒为5天左右。

发酵结束以后，绝大部分酵母沉淀于罐底。酿酒师将这部分酵母回收起来以供下一罐使用。除去酵母后，将生成的“嫩啤酒”泵入后发酵罐。在此，剩余的酵母和不溶性蛋白质进一步沉淀下来，使啤酒的风格逐渐成熟。成熟的时间随啤酒品种的不同而异，一般为7～21天。

经过后发酵而成熟的啤酒在过滤机中将所有剩余的酵母和不溶性蛋白质滤去，就成为待包装的清酒。

小贴士——五种不正确的喝啤酒习惯

◆烟酒同食有害健康

卫生部发布的最新版的《中国居民膳食指南》中提出饮酒应限量！指南中明确建议成年男性一天饮用酒的酒精量不超过25克，成年女性一天饮用酒的酒精量不超过15克。

关于如何饮酒，下面列举了五种常见的不正确的喝啤酒习惯：

太冰的啤酒没营养没口感

冰啤酒当然可以喝，但别刻意追求超冰啤酒。啤酒的最佳饮用温度是8℃～10℃。适宜的温度可以使啤酒的各种成分

◆红酒不宜兑雪碧

协调平衡，给人一种最佳的口感。而且啤酒在这个温度内的口感最好，如果温度再低就会使啤酒变苦，泡沫无法释放，会令人打嗝。要注意啤酒绝不能冷冻保存，因为冷冻会破坏啤酒的营养成分，使酒中的蛋白质发生分解、游离。

烟酒不分家，抽得多就喝得多

一边喝酒一边再点上一支烟，这种“活神仙”状态对健康可不利。原因是香烟中的尼古丁会让人麻痹，人们喝酒想达到的理想感觉被减弱后，只有喝得更多才能达到愉悦感或期望的感觉。说是酒量好，实际上对身体的损伤也就大了。

不要与腌熏食品一起吃

人在喝啤酒之后，血液中的铅含量会增多，而腌熏制品含有机胺等有害物质，两者结合后会产生新的有害物质，喝啤酒会促进机体对有害物质的吸收，诱发消化道疾病。另外，隔夜的啤酒不要喝，因为开瓶后的啤酒容易变质，应随开随饮，不要数小时之后再喝，更不要隔夜后再饮用。

红酒兑雪碧很伤肠胃

除了啤酒，红酒洋酒等在夏季也进入销售高峰。很多时髦喝法，像大家熟悉的红酒加雪碧，看起来是降低酒精浓度，实际上对人体伤害很大，会让人醉得更快。因为，碳酸饮料在胃里放出的二氧化碳气体，迫使胃跟小肠之间的幽门开放，让酒精很快就进入小肠，而小肠吸收酒精的速度，比胃要快得多，从而进一步加速对酒精的吸收。啤酒和葡萄酒里都溶解有二氧化碳，所以人们常说酒混着喝更容易醉，道理便在于此。

酒后洗热水澡

喝完酒后身体热热的，很多人最喜欢一头扎进浴室好好冲冲。然而，出来时就觉得头晕晕的，这是低血糖的标志。因为酒后洗热水澡会加快血液循环，促使体内能量消耗增多，容易引起低血糖。高血压、心血管疾病患者酒后洗澡易中风，可以歇歇后再洗。

做美食，来找我
——真菌调味品

我们日常生活中所使用的调味品除盐外，多为发酵制品。在这方面，真菌可是微生物大军的中坚力量。这些产品，多为真菌的次生代谢产物，它们不仅使我们餐桌上的食物更加美味，还为我们提供了许多营养物质。

◆调味品

调味品

传统调味品的品味，多以咸、酸、辣、鲜等味为基础。从营养学角度来看，它们除了调味、增强食欲以外，还为机体提供所需的矿物元素、微量元素、某些维生素及对人体有益的微生物，具有一定的保健和滋补性。

真菌的发酵不仅仅可以为人类提供香醇的美酒，也能为调味品的生产贡献力量，像我们常见的酱油、醋等都要用真菌来发酵。

酱油

酱油就是把豆、麦煮熟，使其发酵然后加盐而酿制成的液体调味品。酱油是在中国发明的。具有文献可考的是在距今 2000 多年前的西汉，当时中国就已经比较普遍地酿制和食用酱油了，而此时世界上的其他国家还没有酱油。

◆酱油

在烹调时加入一定量的酱油，可增加食

◆酱油的酿制

物的香味，并使其色泽更加好看，从而增进食欲。提倡出锅后放酱油，这样能保留酱油中有效的氨基酸和营养成分。酱油含有异黄醇，这种特殊物质可降低人体胆固醇，降低心血管疾病的发病率。另外，酱油具有解热除烦、调味开胃的功效。

制作酱油时，黄豆的蛋白质经发酵分解为氨基酸，其中的谷氨酸又会与盐作用生成谷氨酸纳。谷氨酸钠实际就是今天的味精，所以酱油具有一种特殊的鲜美味道。在此发酵过程中产生分解作用的真菌是曲霉。曲霉是发酵工业和食品加工业的重要菌种，已被利用的有近60种。它不仅是制作酱油，同时也是酿酒、制醋曲的主要菌种。

查一查

查阅相关书籍，了解酱油的酿制方法。

链接：酱油的种类

酱油主要分为酿造酱油、配制酱油两大类。中国GB18186－2000《酿造酱油》标准将在商品标签上注明是“酿造酱油”或“配制酱油”列为强制执行内容。

酿造酱油是用大豆和脱脂大豆，或小麦和麸皮为原料，采用微生物发酵酿制而成的。配制酱油是以酿造酱油为主体，与酸水解植物蛋白调味液、食品添加剂等配制而成的液体调味品。

◆酱油烹饪的美食——红烧鳗鱼

因着色力不同，酱油还有生抽、老抽之别。

生抽。生抽的颜色比较淡，呈红褐色；吃起来味道较咸，一般用于烹调用，又因其颜色淡，故多用于炒菜或拌凉菜。生抽是以大豆、面粉为主要原料，人工接入种曲，经天然露晒，发酵而成。其产品色泽红润，滋味鲜美协调，豉味浓郁，体态清澈透明，风味独特。

老抽。老抽是在生抽中加入焦糖，经过特别工艺制成的浓色酱油，呈棕褐色且有光泽；吃起来有种鲜美微甜的感觉，具有醋香和酱香，一般用来给食品着色，如红烧等需要上色的菜肴。

鱼露

◆蘸鱼露的越南春卷

◆鳀鱼

鱼露作为一种调味品多见于福建、广东等地区，但少见于我国内陆地区，是闽菜和东南亚料理中常用的调味料之一。

鱼露是一种琥珀色、味道咸而带有鱼鲜味的调味品。它经由各种小杂鱼和小虾加盐腌制，并利用鱼体内的酶及各种真菌发酵，使鱼体蛋白质水解，经过晒炼溶化、过滤、再晒炼，去除鱼腥味，再过滤，加热灭菌而成。鱼露的烹调应用和酱油基本相同，具有提鲜、调味的作用。

鱼露作为一种调味品其所含氨基酸等营养成分比酱油原汁高出许多。据测定，鱼露中含有人体所需的各种氨基酸，其中以谷氨酸含量尤为丰富。此外，鱼露还含有人体所需的多种无机盐和磷、镁、铁、钙及碘盐等。

鱼露在我国的生产和使用已有数百年的历史，因其特有的腥香鲜味而深受沿海人们的喜爱，并由早期的侨民传到越南以及其他东南亚国家，如今在欧洲也逐渐流行开来。现在除福建、潮汕、越南外，其他中南半岛国家亦有生产，特别是泰国产量最高，但质量、味道咸而不鲜，远不如越南和广东潮州所产。

传统的鱼露生产主要以海水鱼为原料，采用高盐自然发酵，生产周期1年左右。现代生产工艺为缩短生产周期，在传统的制作方法上进行了改进，采用原料加酶水解后，接种发酵菌种保温发酵，从而将发酵周期缩短到 3 个月，且其发酵制品可达一级鱼露标准。

以下是传统鱼露的制作方法：

1. 选用鳀鱼为原料，此鱼具有肚小、肉厚、骨酥、脂薄、蛋白质含量高等优点，比其他鱼好。

2. 出厂前就地加盐拌腌，以防腐保鲜。

3. 进厂时要经过检验、晾晒，晾晒时要每天翻动，要加速其发酵分解，再回池自然分解 1 年，方可同库抽露。一般情况下，每 100 千克原料抽露 35 千克，晒去腥味剩下 30 千克为半成品。

4. 然后再经夹并、过滤，方能酿制成特级鱼露。整个生产周期达 3 年以上。

小知识——越南菜四大金刚

提起越南菜，那或酸或甜以及特别的香料搭配出的奇特风味，总是让人“牵肠挂肚”。越南人吃饭佐料十分之多，尤其是几乎顿顿不离的“四大金刚”，让人着实长了不少见识。

越南菜中的“四大金刚”其实就是鱼露、柠檬、花生碎仁和炸干葱这四种调味品，而“金刚”便是“法宝”之意。越南饮食文化看重的是清爽和原味，以蒸煮、熬焖和凉拌为主。而容易上火的油炸或烧烤菜肴，大多也会配上新鲜生菜、薄荷、黄瓜片吃，为的就是去油下火。这样一来，健康是有了，口味却差了些。为了“补味”，“四大金刚”便应运而生。

不吃鱼露不算到过越南。鱼露又叫鱼酱油，是越南人最喜欢的佐餐调料，家家户户都有鱼露，每顿饭必不可少。越南有句俗话：“没吃过鱼露就不算到过越南。”鱼露集中了鱼的精华，有很高的营养价值，还是越南妇女保持窈窕的“秘方”。

据越南人说，鱼露原先是将鲜鱼腌了，然后悬挂起来，鱼滴下来的汁液就是成了鱼露。后来为了大量生产，将许多鱼一起塞在瓦缸里，把盐、醋、酒、糖、酱等调料淋在上面，封好缸口，在阳光下曝晒，让鱼身发酵、溶解。最后从缸中倒出来的液体才是鱼露。越南人特别能吃鱼露，人均每年消费掉 3～4L。

◆越南菜——酱爆虾球

越陈越香醇
——普洱茶中的真菌

对于大多数的茶来说，新茶总是比陈茶来得好，前者更加甘洌、清香。然而，普洱茶却不同，它素有“爷爷的茶，孙子卖”的说法，只要保存得当，越陈的茶品级越高，口感越好，功效自然也就越明显。那么，这普洱茶，又与真菌有什么联系呢？下面，让我们一起品味普洱的香甜，探寻个中缘由。

茶马古道

茶马古道是指存在于中国西南地区，以马为主要交通工具的民间国际商贸通道，是中国西南民族经济文化交流的走廊。普洱是茶马古道上独具优势的货物产地和中转集散地，具有着悠久的历史。同时，普洱亦为一种茶叶名，即普洱茶，产于云南，以茶马古道而闻名中外。

普洱茶是云南特有的地方名茶，是以云南省一定区域内的云南大叶种

◆昔日茶马古道一景

◆云南大叶种晒青毛茶

晒青毛茶为原料，经过发酵加工而成的散茶和紧压茶。普洱是一种后加工茶，在发酵过程中，真菌发挥着重要的作用。经过几年的发酵，毛茶的品性变得温和、不刺激，褪去了原有的苦涩，味道甘醇。

生茶与熟茶

生茶所冲泡出来的水是青绿色，熟茶冲泡出来才是金红色。

依照普洱茶的制作方法，可以将其分为生茶和熟茶两类。生茶，即采摘后以自然的方式发酵，由于茶性较刺激，需存放多年后才会使茶性转温和，好的老普洱茶通常都是采用这种制法。熟茶，也就是以科学为基础，使用人为发酵法使茶性能较快地变温和，让茶变得好喝。

◆普洱茶的加工

生茶是以云南省一定区域内的云南大叶种树鲜叶为原料，经杀青、揉捻、日光干燥、蒸压成型等工艺制成的茶，包括散茶及紧压茶。它的品质特征为：色泽呈墨绿色、香气清纯持久、滋味浓厚回甘、汤色绿黄清亮、叶底肥厚黄绿。

熟茶是以云南省一定区域内的云南大叶种晒青茶为原料，采用渥堆工艺，经后发酵加工形成的散茶和紧压茶。所谓的后发酵，是指人为加水、提温促进真菌等微生物的繁殖，加速茶叶熟化，去除生茶苦涩以达到入口淳化、汤色红浓之独特品性。其品质特征为：汤色红浓明亮，香气独特陈香，滋味醇厚回甘，叶底红褐均匀。

轶闻趣事——“文物”普洱茶

故宫收藏着众多的明清两代文物，其中就包括普洱茶。目前，故宫博物院

◆光绪年间的普洱金瓜贡茶

◆故宫珍藏的“万寿龙团贡茶”（右）和“七子饼”（左）

◆茶祖诸葛亮

登记在册的贡茶有70余件，其中包括七子饼、茶膏和团茶，一套七子饼只算一件普洱贡茶。可惜的是，这些茶除了文物价值，已经没有茶的价值了。故宫博物院曾经请专家实际鉴定，经过实际品茗，专家的结论是：这些茶除了汤色还是茶色之外，已经没有任何饮用价值了，原因就是因为保存时间过长，熟化过度。

故宫里的普洱贡茶收藏在地库，仍保存完好。普洱茶在清中晚期是作为每年岁贡的宫廷生活用品，从采撷到运输都有严格的要求，必须经过严格的审查，盖封印，一路上还有专人保护，经过骡马茶道数千千米，从云南运到北京。

普洱茶在清朝时是作为宫廷饮品，自雍正年间设普洱府后，是每年都要上贡的岁贡茶，每年进贡达千余斤，至今还有进贡茶的详细记载：普洱早茶500斤，普洱茶饼100筒，普洱茶膏100坨等。在包装方面，有竹笋叶包装，有木盒包装，还有黄缎包装。史书曾有记载，慈禧招待主要大臣就专门用普洱茶，还有就是送英国使节也用了普洱茶。

清朝贡茶沿用明朝制度，清朝普洱茶始贡时间至迟在雍正四年（1726年），官府采办贡茶很紧很严。贡茶采制，讲究“五选八弃”，即选日子、时辰、茶山、茶丛、茶枝，弃无芽、叶大、叶小、芽瘦、芽曲、色淡、食虫、色紫。制作前要先祭茶祖诸葛亮，掌锅揉茶师傅要沐浴斋戒，这才“请锅”。揉茶师傅用双手在热锅内提、翻、抖茶等，身边有人专门为其擦汗，因为御用贡茶是不许滴半点汗水进去的。

备办的贡茶首先是毛尖好茶，其次讲花色，另外还要有一定数目（每年上万斤)，由指定官员领银承办。

贡茶制成后，县、府、道的官员们要会同“恭选”，好中选好。把选好的团茶、饼茶、蕊茶之类，用黄包袱包好；散茶盛入瓶中、茶膏盛入锦缎木盒，也用黄布包好。

然后由“恭送”的官员、千总、百总带领兵丁，把贡茶顶在头上，到县衙门，跪在大堂上，县官叩迎贡茶后请出大印，往包贡茶的黄包袱上盖章，称“用印”，县衙门、府台衙门、道台衙门分别“用印”后，道台将发一枚兵部制造的“火牌”。凭“火牌”将过州吃州，过县吃县，领到“火牌”后，则将贡茶装入木箱，捆在马驮子上上路。贡茶从现在的宁洱哈尼族彝族自治县到元江共经过17个“栈口”，到昆明后，巡抚衙门销差验交，再由督抚大吏派人恭送进京。

普洱茶的功效

普洱茶闻名中外，自有其独特之处。除去其口味不说，我们一起来认识下普洱茶的功效。

◆普洱茶饼

降脂、减肥、降压、抗动脉硬化。实验证明，普洱茶对减少类脂化合物、胆固醇含量有良好效果。饮用普洱茶能引起人的血管舒张、血压下降、心率减慢和脑部血流量减少等生理效应，所以对高血压和脑动脉硬化患者有良好治疗作用。

防癌、抗癌。科学家通过大量的人群比较，证明饮茶人群的癌症发病率较低。而普洱茶含有多种丰富的抗癌微量元素，杀癌细胞的作用强烈。

◆特级宫廷普洱散茶

养胃、护胃。黏稠、甘滑的普洱茶进入人体的肠胃后附着在胃的表层，形成对胃有益的保护膜，长期饮用普洱茶可起到养胃、护胃的作用。

抗衰老。茶叶中所含的儿茶素类化

合物具有抗衰老的作用，而普洱茶中所含的儿茶素总量高于其他品种，抗衰老作用优于其他茶类。

防辐射。据中山大学何国藩等的研究结果表明，饮用2%普洱茶可以解除用钴60辐射引起的伤害。

醒酒。《本草纲目拾遗》载："普茶最治油蒙心包，刮肠、醒酒第一。"茶碱具有利尿作用，能促使酒精快速排出体外；饮茶还可以补充酒精水解所需的维生素C，兴奋被酒精麻醉的大脑中枢。最重要的是用茶解酒，绝对不会伤害脾胃，不会使醉者大量呕吐，产生反胃的痛苦。

广角镜——普洱茶的喝法

◆茶具

很多人对于普洱茶的功效不清楚，对其的喝法也是一知半解，只知道普洱茶能减肥。普洱茶确实具有减肥的功效，尤其是掌握了普洱茶的正确喝法效果更为明显，下面就具体介绍下普洱茶的喝法。由于普洱茶的茶味较不易浸泡出来，所以必须用滚烫的开水冲泡。

1. 将普洱茶叶置入滤杯中，约10克(铺满杯底，略高)。

2. 将才煮开的沸水注入滤杯中，盖没茶叶。

3. 片刻，拿出滤杯，弃去第一道茶水。

4. 再次注入沸水，盖没茶叶，盖上杯盖，静置20秒左右。

5. 打开杯盖倒置，取出滤杯，稍稍滴去茶汁，置于杯盖内。

6. 好了，一杯香浓醇和的普洱茶就泡好了。

7. 在享用之余可别忘了滤杯中的茶叶，千万别丢弃，普洱是非常耐泡的，在将喝完第一道时，您可以将滤杯放回茶杯中，同样再次注水，盖上，静置小会儿，第二杯普洱又泡好了。

8. 第二泡和第三泡的茶汤可以混着一起喝，综合茶性，以免过浓。

9. 第四次以后，每增加一泡即增加15秒，以此类推。

我来治你病——药用真菌

真菌被作为一种药物，有着很悠久的历史。青霉素的发现，标志着抗生素时代的到来，科学家从真菌等微生物中提取出各种抵抗病原的药物。然而，在中国，药用真菌在更早的时候就进入了人类的生活。

药用真菌

药用真菌是指能治疗疾病、具有药用价值，对人体有保健作用的一类真菌。中国是世界上最早研究和使用药用真菌的国家。目前，已经有十几种真菌被收入国家药典。

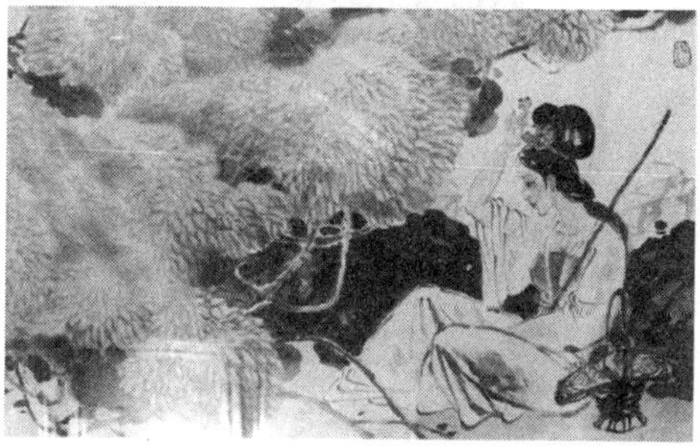

◆麻姑采芝图

在众多的药用真菌中，老百姓对野生灵芝的认知程度可以算是最高的。他们普遍认为灵芝是保健强身的圣品，具有极高的药用价值。在陕北出土的壁画《神农采芝图》，可以将灵芝的药用历史上溯至公元前4000余年。

◆人工栽培

灵芝不仅在中国备受推崇，在深受汉文化影响的日本、韩国，野生灵芝也被视若珍宝。近年来，通过中国和国际生物学、医学界日趋频繁的交流，进一步证实了灵芝广泛的药用功效。灵芝通过提高人体免疫能力，提升人体巨噬细胞、T细胞、淋巴细胞对病原的攻击能力而产生治疗效果。

随着人工栽培技术的发展，目前市面上销售的真菌，甚至是药用真菌多为人工栽培。但是，因为菌种是逐代退化的，比如黑木耳、香菇、银耳等以前是药用真菌，进行人工种植后，它的药用价值也退化了，最典型的例子就是野生灵芝和人工灵芝作用的巨大差异性。

点击——降血糖的灵芝

◆灵芝

现代意义的灵芝降血糖理论始于日本，野生灵芝降血糖的原理是由于促进组织对糖的利用，增强胰岛素受体细胞的敏感度。日本东川实验室动物试验表明，服用灵芝提取液1周后，实验兔血糖由17.3降至11.6，胆固醇由233降至179，β—蛋白由580降至465。灵芝中的水溶性多糖，可减轻Ⅱ型（非胰岛素依赖型）糖尿病的发病程度。日本（Numata Kenji公司）生产的灵芝保健食品，已广泛应用于糖尿病的治疗。

灵芝除了能有效降低血糖以外，还可以很好地防止糖尿病的产生与发展。2003年，上海华东医院进行了100例灵芝辅助治疗糖尿病的研究，其中100例是单独用降血糖药，另100例在用降血糖药的基础上再加服灵芝，结果发现后者的降血糖作用明显增加，另外对糖尿病患者的乏力、腰酸、腿软等症状的改善也明显优于单用降血糖药的一组。

真菌药物的研究

在世界范围内，真菌也是当今探索和发掘新药物的重要领域，其中以真菌化学的研究发展最为迅速。药用真菌之所以能得到生命科学界的青睐，主要原因是真菌中不仅有完整的、高质量和高含量的基本营养素，还有许多化学结构稳定、功能卓著的生理活性物质。这些活性物质的结构复杂，种类繁多，功效也大不相同。

◆水稻稻曲病

然而，真菌医用研究的各个领域不是均衡发展的。以植物病原真菌为例，它是真菌中的一大类，几乎可侵染所有的高等植物，通过各种机制与宿主相互作用引起病害，这些真菌或其引起的病害组织具有多种活性物质或有益成分，如竹黄、稻曲病菌核等。但是，目前对植物病原真菌类药资源的研究仍存在许多问题，归结以后主要为以下几点：

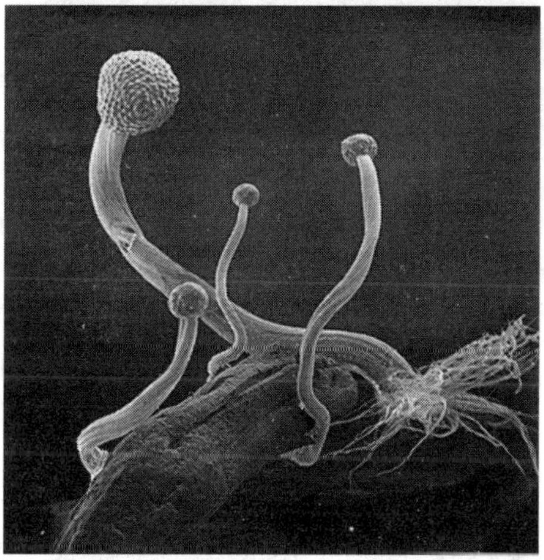
◆麦角菌

研究具药用价值的植物病原真菌种类少。植物病原真菌的种类很多，据不完全统计有 8000 种以上真菌能引起植物病害，绝大多数的植物病害均由真菌引起，但是主要针对的是植物病害的研究，而对病原真菌资源学的研究却很少，目前仅发现 20 种有药用价值，其中只有 2 种是近年来发现的，目前也未见到其他病原真菌的资源学研究。

研究具药用价值的植物病原真菌的工作不深入。在 20 种有药用价值的病原真菌中，仅对麦角和竹黄有了较深入、具体的研究，对其他几种的病原真菌很少或根本没有运用现代科研的方法进行研究，其化学成分仍不清楚，对其药理作用的了解也不全面。

对植物病原真菌类药资源的应用少。尽管已发现具药用价值的 20 种植物病原真菌均具有较明显的功效，但在临床上应用得很少，真正生产制剂的种类只有麦角。

知识库——竹黄

◆竹黄

◆晒干的赤团子

竹黄是寄生于刺竹属和刚竹属的寄生菌，它能引起竹子的赤团子病。罹病的竹子生长缓慢，严重时可使成片竹林叶色由绿变黄，最后衰败死亡，故名“竹黄”。竹黄另有许多异名，如赤团子、竹赤团子、淡菊花、淡竹花、天竹花、竹花等。竹黄主产于南方各省区，以浙江最为常见。长江中下游地区于4、5月份在竹林中即可采到。在贮存中新鲜竹黄极易酸败，产生臭味，故采收后应立即晒干密闭贮藏。竹黄的保存期也不长，易虫蛀、生霉。有经验的老人传授经验时说，蒸后再晒干，则耐久贮存。

竹黄不见于历代本草，是一种民间药物。目前除杭州草药店外，其他地方的中药材公司很少收购。据报道，浙江衢县一带每年的竹黄外销量是最多的，而在城市地摊上有出售竹黄的，也大多是在浙江。根据研究竹病专家黄其望教授的说法，竹黄以前较少见，是近几十年才逐渐普遍开始流行的。

安徽、浙江一带的农村，4、5月正值梅雨季节，当地农民往往在插秧时因受风寒而腹胀胃痛、呕吐泄泻或关节不适，这是南方农村的常见病。当地农民多在收工时，在路边、村头竹林中采些新鲜竹黄，以米酒浸泡，置于饮后余烬上，炖热后与饭同食，言有良效。但黄山地区有个别案例，服用竹黄过量，于田间劳动，经曝晒后引起皮肤红肿、发热，并长时间不能消退，手、足、面部等皮肤暴露部位尤为严重，但一般不经治疗即可自愈。

竹黄有镇痛、消炎、消肿等作用，京津地区多用竹黄泡酒，每500克白酒用竹黄50克，冷浸1周即可饮用。每次饮1小杯，可治风湿性关节痛、坐骨神经痛、跌打损伤、腰肌劳损、筋骨酸痛等。南方各地除用白酒外，更多用黄酒、米酒浸泡，除以上用途外，还有治虚寒胃痛、脘腹胀满、饮食呕吐的作用。

性味功能：性温，味淡，能止咳化痰，舒筋活血，祛风除湿，补中益气，散瘀补血，活血通络。

◆中草药泡酒

环保的农药
——昆虫病原真菌

真菌还能用作农药？是的，昆虫病原真菌就是这样一类能用作农药的真菌。它可以侵入昆虫体内，与其发生寄生关系，并最终使昆虫发病致死。人们便利用昆虫致病菌的感染特性，将其应用到农业中。下面，让我们一起来认识这种环保的农药。

◆喷洒农药

昆虫病原真菌的致病机理

◆昆虫

昆虫病原真菌的生活史一般可分为 10 个阶段：孢子附着于宿主表皮→孢子萌发→穿透表皮→菌丝在血腔内生长→产生毒素→宿主死亡→菌丝侵入宿主的所有器官→菌丝穿出表皮→产生孢子→侵染单位的扩散。昆虫病原真菌只要完成了前四个阶段，就完成了对宿主的入侵和感染。当病原真菌在昆虫体内的菌丝大量增殖时，就可导致宿主死亡。

昆虫病原真菌的作用机制主要有以下几种：①抑制昆虫的细胞免疫反

应；②引起体液免疫中酚氧化酶活性的改变；③使昆虫体壁肌肉细胞发生僵直；④抑制马氏管的分泌和中肠的正常功能；⑤抑制蜕皮甾类激素的分泌和转运；⑥对脂肪体和体壁皮细胞层的影响。

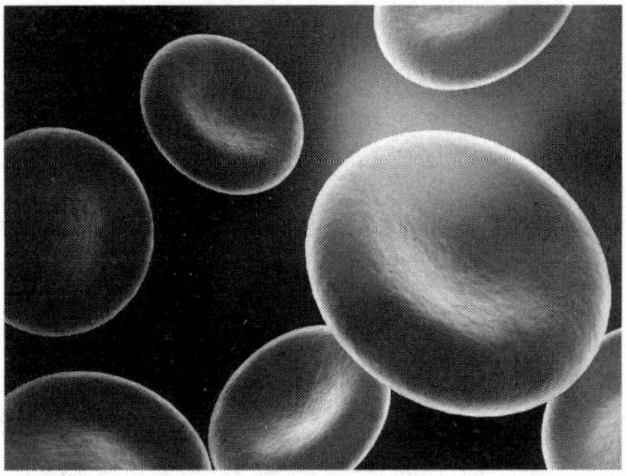

◆血细胞

大多昆虫病原真菌的毒素是通过抑制血细胞的扩散等方式来削弱宿主的细胞免疫，从而破坏宿主的生理活动。因此，昆虫病原真菌的毒力与其产生的毒素密切相关。昆虫病原真菌产生的毒素主要有白僵菌素、环孢素和破坏素 3 种。

◆农药抗性

昆虫病原真菌的优点在于：多数种类的宿主范围较广，能防治多种害虫；不一定从消化道侵入虫体，感染害虫的机会多；真菌孢子具有较强的抗逆性；易于进行人工培养；大多数真菌对人无害且不污染环境；在自然环境中可不断增殖，能长期控制虫害且不易使其产生抗性。

小知识——农药

农药是指在农业生产中，为保障、促进植物和农作物的成长，所施用的杀虫、杀菌、杀灭有害动物（或杂草）的一类药物统称。农药根据其原料来源可分为有机农药、无机农药、植物性农药、微生物农药。此外，还有昆虫激素。根据加工剂型可分为粉剂、可湿性粉剂、可溶性粉剂、乳剂、乳油、浓乳剂、乳膏、糊剂、胶体剂、熏烟剂、熏蒸剂、烟雾剂、油剂、颗粒剂、微粒剂等。大多数是液体或固体，少数是气体。

什么是农药残留？它会造成什么样的后果？在日常生活中我们要怎样减少农药残留对人体的危害？

一方面，农药的使用为我们的农业产量的提高作出了很大的贡献；另一方面，农药的大量使用也给环境造成了很大的影响——农药流失到土壤中，造成严重的环境污染，有时甚至造成极其危险的后果。

1. 污染大气、水环境，造成土壤板结

流失到土壤中的农药通过蒸发、蒸腾，飘到大气之中，飘动的农药被空气中的尘埃吸附并随风扩散，对大气环境造成污染。大气中的农药通过降雨，又流入水里，造成水环境的污染，对人、畜，特别是水生生物（如鱼、虾）造成危害。同时，流失到土壤中的农药，也会造成土壤板结。

◆农药污染

2. 增强病菌、害虫对农药的抗药性

农药抗性是指常年使用某种农药，或施药浓度过低；有时尽管施药浓度正常，但每亩地用药量不足或过高，引起害虫产生的抗药性。长时间使用同一种农药，最终会增强病菌、害虫的抗药性。使得以后对同种病菌、害虫的防治必须不断加大农药的用药量，不然不能达到消灭病菌、害虫的目的，形成恶性循环。

◆野生鸟蛋

3. 杀伤有益生物

绝大多数农药是无选择地杀伤各种生物的，其中包括对人们有益的生物，如青蛙、蜜蜂、鸟类和蚯蚓等。这些益虫、益鸟的减少或灭绝，实际上减少了害虫的天敌，会导致害虫数量的增加，而影响农业生产。

4. 野生生物和畜禽中毒

野生生物及畜禽吃了沾有农药的食物，会造成它们急性或慢性中毒。最主要的是农药影响生物的繁殖能力，如很多鸟类和家禽由于受到农药的影响，产蛋的重量减轻和蛋壳变薄，容易破碎。许多野生生物的灭绝与农药的污染有直接关系。

重要的昆虫病原真菌

目前，已知的昆虫寄生真菌的种类为200多种。我国自20世纪50年代以来，开发应用的昆虫病原真菌约20种，其中使用最广的是白僵菌和绿僵菌。

白僵菌。白僵菌是应用早、普及面积大的一种昆虫病原真菌，主要用于防治玉米螟和松毛虫。它的宿主种类多达15个目、149个科、521个属、707个种，白僵菌在田间的残效长，甚至在越冬期仍使得有36%～55%的幼虫被寄生，致来年不能羽化。

绿僵菌。绿僵菌是应用于防治农业害虫的真菌，能寄生的昆虫有8个目、30个科、约200多种。中国农科院生防所用绿僵菌防治东亚飞蝗，室内处理后第10天的死亡率可达到100%，并于1995年进行了田间试验，取得了较好效果，初步证明应用绿僵菌防治东亚飞蝗有很好的前景。

◆松毛虫蛹

查一查

除了白僵菌和绿僵菌，还有什么昆虫病原真菌？

链接——白僵菌高孢粉

◆白僵菌灭虫

◆养蚕时不可使用白僵菌制剂

白僵菌高孢粉是国家林业局推广的高效生物杀虫剂之一，可广泛应用于森林害虫、蔬菜害虫、旱地农作物害虫等。多年来，国内应用白僵菌对近40种农林害虫防治成功，目前在生产中使用的主要杀灭对象有：松毛虫、松褐天牛、白蚁、玉米螟、茶小绿叶蝉、桃小食心虫等。白僵菌防治最成功的是苗圃、草坪、农田等的蛴螬，蛴螬危害花生、大豆、草坪、蔬菜、苗木等多种作物。

白僵菌高孢粉无毒无味，无环境污染，对害虫具有持续感染力，害虫一经感染可连续浸染传播。

白僵菌菌落为白色粉状物，而白僵菌高孢粉产品为白色或灰白色粉状物。菌体遇到较高的温度自然死亡而失效，其杀虫有效物质是白僵菌的活孢子。孢子接触害虫后，在适宜的温度条件下萌发，生长菌丝侵入虫体内，产生大量菌丝和分泌物，使害虫生病，经4～5天后死亡。死亡的虫体白色僵硬，体表长满菌丝及白色粉状孢子。孢子可借风、昆虫等媒介继续扩散，侵染其他害虫。

白僵菌需要有适宜的温湿度（8℃～24℃，相对湿度90%左右，土壤含水量5%以上）才能使害虫致病。害虫感染白僵菌死亡的速度缓慢，经4～5天后才死亡。白僵菌与低剂量化学农药（25%对硫磷微胶囊、48%乐斯本等）混用有明显的增效作用。

维生素C生产者
——柠檬酸与真菌发酵

在富含维生素C的柠檬中，还含有大量的柠檬酸。柠檬中那种让人又爱又恨的酸味，就是出自柠檬酸之手。那么，是谁首先发现了柠檬酸，柠檬酸究竟是什么样的物质，它的生产与真菌又有何关系？

◆青柠檬

天然的柠檬酸广泛地存在于植物果实和动物的骨骼、肌肉、血液中。人工制备的柠檬酸则是用砂糖、淀粉、葡萄等含糖物质发酵而成。纯净的柠檬酸为无色透明晶体或呈白色粉末状，无臭，有一种诱人的酸味。

◆柠檬酸

柠檬酸的生产

C. W. 舍勒于1784年通过从柑橘榨汁中加入石灰乳以形成柠檬酸钙沉淀的方法首先制取出柠檬酸。

发酵法制取柠檬酸始于19世纪末：1893年C. 韦默尔发现青霉菌能积累柠檬酸；1913年B. 扎霍斯基发表文献称黑曲霉能生成柠檬酸；1916年汤姆和柯里以曲霉属菌进行试验，证实大多数曲霉菌如泡盛曲霉、米曲霉、温氏曲霉、绿色木霉和黑曲霉都具有产柠檬酸的能力，而黑曲霉的产酸能力更强。

1923 年，美国菲泽公司建造了世界上第一家以黑曲霉浅盘发酵法生产柠檬酸的工厂。1952 年美国迈尔斯试验室采用深层发酵法大规模生产柠檬酸。此后，深层发酵法逐渐建立起来。深层发酵周期短，产率高，节省劳动力，占地面积小，便于实现仪表控制和连续化，现已成为柠檬酸生产的主要方法。

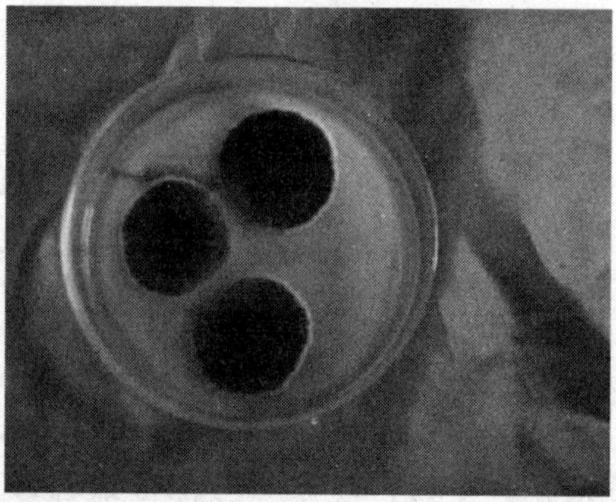

◆黑曲霉

广角镜——柠檬酸的用途

◆柠檬水

柠檬酸是有机酸中第一大酸，由于其具有稳定的物理性能、化学性能，而广泛应用于食品、医药、日化等行业。

1. 食品工业

由于柠檬酸具有温和爽口的酸味，而普遍用于各种汽水、葡萄酒、糖果、点心、饼干、罐头果汁、乳制品等食品的制造。在所有有机酸的市场中，柠檬酸市场占有率 70%以上，到目前还没有一种可以取代柠檬酸的酸味剂。一结晶水柠檬酸主要用作清凉饮料、果汁、果酱、水果糖和罐头等的酸性调味剂，也可用作食用油的抗氧化剂。同时，它具有改善食品的感官性状、增强食欲和促进体内钙、磷物质的消化吸收的功能。无水柠檬酸则大量用于固体饮料。柠檬酸的盐类如柠檬酸钙和柠檬酸铁是某些食品中需要添加钙离子和铁离子的强化剂。柠檬酸的酯类如柠檬酸三乙酯可作无毒增塑剂、制造食品包装用塑料薄膜，是饮料和食品行业的酸味剂。

2. 化工、制药和纺织业

柠檬酸在化学技术上可作为化学分析用试剂，如实验试剂、色谱分析试剂及生化试剂等。采用柠檬酸或柠檬酸盐类作助洗剂，可改善洗涤产品的性能，可以

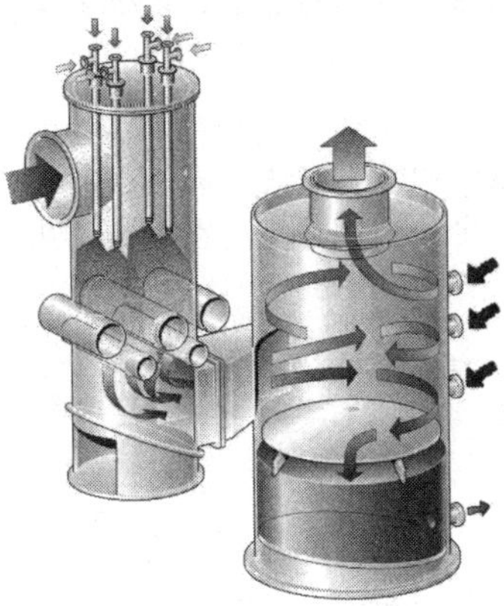

◆脱硫塔

迅速沉淀金属离子，防止污染物重新附着在织物上，保持洗涤必要的碱性，使污垢和灰分散、悬浮，并且能提高表面活性剂的性能，是一种优良的螯合剂。

服装的甲醛污染已是很敏感的问题，柠檬酸和改性柠檬酸可制成一种无甲醛防皱整顿剂，用于纯棉织物的防皱整理。不仅防皱效果好，而且成本低。

3. 环保

柠檬酸一柠檬酸钠缓冲液可用于烟气脱硫。我国煤炭资源丰富，是构成能源的主要部分。然而，工业上一直缺乏有效的烟气脱硫工艺，导致大气 SO_2 污染严重。目前，我国 SO_2 年排放量已近 4000 万吨。柠檬酸一柠檬酸钠缓冲溶液由于其蒸气压低、无毒、化学性质稳定、对 SO_2 吸收率高等原因，是极具开发价值的脱硫吸收剂。

4. 禽畜生产

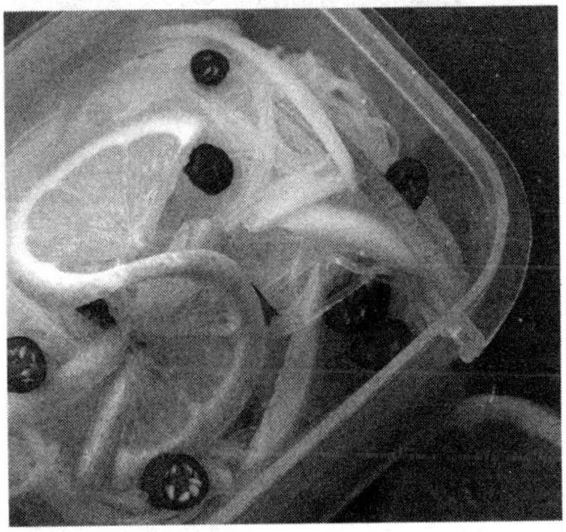

◆柠檬粉丝

在仔猪饲料中添加柠檬酸，可以使其提早断奶，将饲料利用率提高 5%～10%。同时，还可增加母猪的产仔量。在生长育肥猪日粮中添加 1%～2%柠檬酸，可提高日增重，降低料肉比，提高蛋白质消化率，降低背脂厚度，改善肉质和胴体特性。柠檬酸稀土是一种新型高效饲料添加剂，适用于猪、鸡、鱼、虾、牛、羊、兔、蚕等各种动物，具有促进动物生长，改善产品品质，提高产品抗病能力及成活率，提高饲料转化率，缩短饲喂周期等特点。

5. 化妆品

柠檬酸属于果酸的一种，主要的作用是加快角质更新，常应用于乳液、乳霜、洗发精、美白用品、抗老化用品、治疗青春痘用品的生产等。

6. 杀菌

柠檬酸与 80℃温度联合作用具有良好杀灭细菌芽孢的效果，并可有效杀灭血液透析机管路中污染的细菌芽孢。享有“西餐之王”美誉的柠檬具有很强的杀菌作用，再加上柠檬的清香气味，使得人们总喜欢将其制作为凉菜，不仅美味爽口，也能增进食欲。

7. 医药

柠檬酸具有收缩、增固毛细血管并降低其通透性的作用，还能提高凝血功能及血小板数量，缩短凝血时间和出血时间，具有一定的止血作用。在制药工业上常将其用作医药清凉剂、测血钾试剂。

柠檬酸的发酵

◆柠檬酸生产车间

柠檬酸的发酵因其采用不同的菌种、工艺、原料而异，但是在发酵的过程中都需要掌握一定的温度、通风量及酸碱度等条件。

通常情况下，应将温度控制在一定范围内，一般低于真菌的最适生长温度。如果温度过高，则会导致菌体的大量繁殖，使得糖被大量消耗而降低产酸率，同时还会生成较多杂酸；如果温度过低，则会使得发酵时间延长。

真菌产生柠檬酸的最适 pH 值范围为 2～4，这不仅有利于柠檬酸的生成，还能减少草酸等杂酸的形成，同时可避免杂菌的污染。

柠檬酸的发酵对通风条件的要求较强，这样有利于在发酵液中维持一定的溶解氧量。通风和搅拌是提高培养基内溶解氧量的主要方法。在菌体生成的过程中，发酵液中的溶解氧会逐渐降低，从而抑制柠檬酸的合成。通过增加空气流速及搅拌速度的方法，可以使培养液中的溶解氧达到60%，以增加产酸率。

柠檬酸的产量还和菌体形态有密切关系。若发酵后期形成正常的菌球体，有利于降低发酵液黏度而增加溶解氧，因而产酸就高；若出现异状菌丝体，而且菌体大量繁殖，造成溶解氧降低，使产酸迅速下降。

高质量饲料
——真菌发酵饲料

养殖，特别是养猪，饲料的成本可以占到整个养殖成本的六成以上。而猪价又受市场影响，无法通过个人的能力加价而增收，因而降低饲料成本变成了增收的主要途径。利用真菌等微生物进行饲料发酵，就可以很好地解决这个问题。

◆饲料

微生物饲料发酵剂

在传统的养殖业中，养殖户在饲料的选择上面临很大的抉择：选用谷物等好的饲料喂养，显得浪费，同时也增加了饲养的成木；而麦麸皮、玉米芯、稻草、糟粕、木薯渣、红薯藤、花生壳、鸡粪等畜禽粪便等廉价的物质，有的根本不能直接饲喂，有的则因含有害物、毒素而不宜直接饲喂。

◆秸秆

微生物饲料发酵剂的发明则圆满地解决了这个问题。微生物饲料发酵剂内含多种具有特殊功能的有益微生物，如酵母菌等，不用添加任何的辅料就能运用于廉价的物质，如各种农作物秸秆、树叶、饲草、花生藤、薯藤等，并将其发酵成为高质量饲料。

点击——家畜的饲料

◆家禽

◆家畜养殖

饲养家畜并不是只要随便喂某种的饲料、将其喂饱就可以的，而是要根据科学的配方进行混合、配比的。

首先，要进行饲料配方的设计。饲料配方的设计，要根据不同畜禽对各种营养素的需要而定饲养标准（营养需要量），并且要有一个常用饲料的营养成分。饲料标准要求的各项营养素指标都应该在饲料营养成分表中表达出来。饲养标准是根据畜牧业生产实践中积累的经验，结合物质能量代谢试验和饲养试验，科学地规定出不同种类、性别、年龄、生理状态、生产目的与水平的家畜，每天每头应给予的能量和各种营养物质的数量，这种为畜禽规定的数量，称作饲料标准或称为营养需要量。饲养标准中规定的各种营养物质的需要量，是通过畜禽采食各种饲料来体现的。因此在饲养实践中，必须根据各种饲料的特性、来源、价格及营养物质含量，计算出各种饲料的配合比例，即配制一个平衡全价的日粮。

饲粮配合原则：应选用适宜的饲养标准和饲料成分表；要求饲料多样化，注意饲料适口性和有毒物质；控制粗纤维含量，注意饲粮全积；饲粮要质优价廉，在市场上有竞争力。

饲料的发酵

选用适宜的发酵材料，应用微生物饲料发酵剂就可以开始发酵了。

原料准备。先将秸秆等物质按要求粉碎或切成小段或丝状，其中用于喂牛、马、骡的饲料原料应切碎成1～2厘米，喂羊、鹿应切碎成1厘米左右，喂猪、鸡、鸭、鹅、兔的秸秆或者藤蔓应粉碎。可以单独用微生物发酵剂，也可将喂饲用的玉米粉掺入一同发酵，效果更好。

◆玉米粉

原料的混合。根据所选用的微生物发酵剂的要求进行混合，所选用的菌种不同，对发醇环境的要求也各不相同，因此，在混合前因仔细阅读微生物发酵剂的使用说明书，以免造成浪费。

◆木薯渣发酵

堆积发酵。将上述拌匀的原料堆成适宜的高度，插上温度计，盖上保温保湿材料，使其发酵。具体的发酵时间及发酵温度要求应查看相关的说明书。

翻倒控温。查阅微生物发酵剂的说明书，确定是否需要翻倒，在什么温度下进行翻倒，翻倒的次数及发酵时间的确定。

◆饲料翻倒

饲料的贮存。采用不同的微生物发酵剂所发酵出的产物，其贮存的期限是不同的，有的需要近期使用，有的则能长期储存。

知识库——发酵饲料注意事项

◆室内发酵避免阳光直射

◆注意营养和口味的搭配

微生物发酵剂能够快速、高效地进行饲料发酵，但是在使用时也应该注意一些技巧，这样才能充分发挥微生物发酵剂的功效。

1. 原料。不能使用霉烂变质或有毒性的秸秆等，否则可能抑制有益微生物菌株繁殖，影响发酵效果。

2. 通气。料堆不可压实，以免隔绝空气，造成通气不良，影响发酵质量。

3. 避光。不要在阳光直射的地方发酵，以防紫外线杀灭功能微生物，影响发酵。

4. 搭配。因各类物质的营养成分和各种气味不同，发酵后的饲料味觉也有一定差异，合理搭配原料发酵效果会更好，营养更全面。要做到：①粗精搭配，如在秸秆中加入10%～15%的玉米面一同发酵；②品种搭配，多种作物秸秆混合发酵，如玉米秸与小麦秸混合等等，这样营养更全面，效果更好；③饲喂搭配，发酵好的饲料，应按所需比例与全价饲料混合物拌匀一同饲喂，牛、羊、鸭、鹅和空怀母猪，可直接饲喂，猪、鸡应按比例混喂。

5. 重量。每次发酵秸秆重量一般应不低于50千克，量太少不利于升温，难以保证发酵质量。

6. 贮存。用秸秆发酵剂发酵的秸秆饲料最好是现发酵现饲喂，不宜长时间存放。如存放时间较长，应采取厌氧保存方式，将发酵好的物料降温后密封贮存。

发酵饲料的益处

发酵后的饲料营养丰富，呈酒香气味，适口性好，并含有多种益生菌，能够使畜禽的肠道环境得到改善，增强免疫力，提高生长迅速，从而在很大程度上增强养殖户的效益。

◆改善肠道的益生菌

通过功能微生物的转化，饲料适口性大大增强，可消化的营养成分及其含量显著增加。通过功能微生物的发酵、降解和转化等作用，将秸秆等物质中难以消化的植物蛋白转化为动物蛋白，并分解成单糖，增加了氨基酸的含量，容易被畜禽的胃肠吸收利用。

◆健康养殖

通过发酵形成多种营养产物，提高饲料营养。功能微生物在发酵过程中产生大量的代谢产物，如蛋白酶、淀粉酶、脂肪酶、纤维分解酶、维生素等，使饲料中各种营养的成分及其吸收率大大提高。

发酵的饲料含有大量的益生菌，可以显著地提高免疫力。发酵剂饲料中的功能微生物进入动物肠胃后，能杀灭有害菌，形成优势菌群环境，增强了畜禽免疫力和抗病能力。

环保新能源
——真菌的生物液化

能源与环境问题是当今世界的热点问题，并在以后很长一段时期内为世人所关注。目前，我们所使用的煤多是经过脱硫的，但是往往不能完全除去硫和灰分等物质。通过真菌的生物液化，我们就可以通过较少的支出完全除去其中的有害杂质并提高它的使用率。

◆固体煤

液化的煤

◆煤气

煤炭作为一种固体燃料，由于其本身具有复杂的结构和不均匀等特性，使得各种脱硫和除灰工艺受到界面影响，不可能完全除去所含的硫和灰分。通过将煤液化或气化，使之降解到分子水平，就可以得到纯粹的燃料。

然而，传统的化学液化工艺由于采用高温高压的方式，代价十分昂贵。近年来，煤和褐煤的真菌生物液化研究发展迅速。该技术可以极大地减少固体煤转化成液体产品的总能损失，整个过程在接近自然条件的温度和压力下进行，可节省大量资金。

通过生物液化产生的液体煤，是一种水溶性的混合物。这些混合物是由分子量较大的极性化合物组成的。经过超滤和凝胶色谱分析表明，这些化合物的分子量为 3 万～30 万，其化学结构主要是带有大量羟基的芳香族化合物。

知识库——气化煤与气化采煤

气化煤是指煤在特定的设备内，在一定温度及压力下使煤中有机质与气化剂（如蒸汽/空气或氧气等）发生一系列化学反应，将固体煤转化为含有 CO、H_2、CH_4 等可燃气体和 CO_2、N_2 等非可燃气体的过程。煤炭气化时，必须具备三个条件，即气化炉、气化剂、供给热量，三者缺一不可。

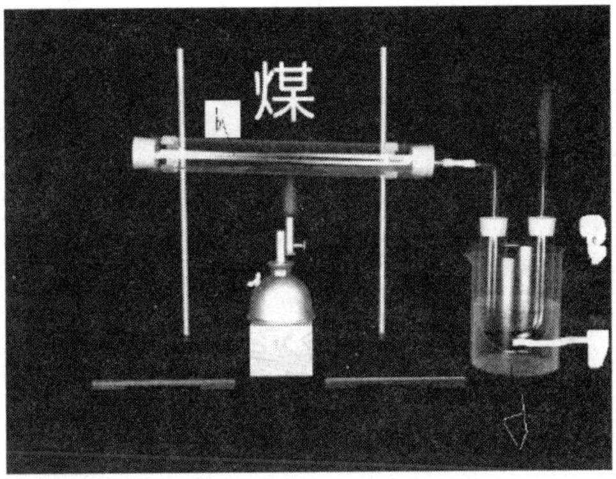

◆实验室煤的干馏

气化过程发生的反应包括煤的热解、气化和燃烧反应。煤的热解是指煤从固相变为气、固、液三相产物的过程。煤的气化和燃烧反应则包括两种反应类型，即非均相气一固反应和均相的气相反应。

◆气化采煤基地

不同的气化工艺对原料的性质要求不同，因此在选择气化煤工艺时，考虑气化用煤的特性及其影响极为重要。气化用煤的性质主要包括煤的反应性、黏结性、结渣性、热稳定性、机械强度、粒度组成以及水分、灰分和硫分含量等。

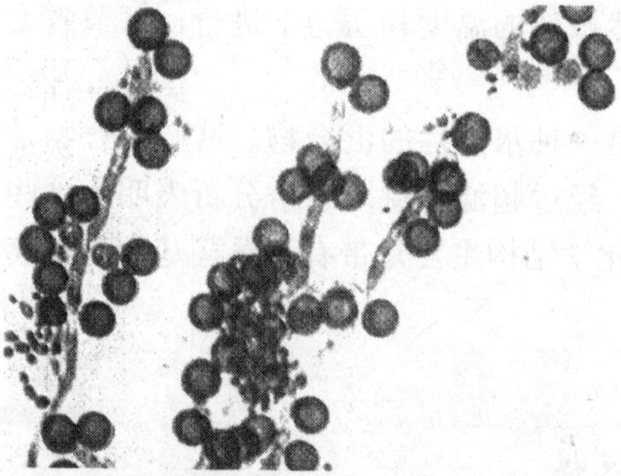

◆煤液化菌之假丝酵母

◆煤液化菌之卧孔菌

20世纪90年代出现了一种新的采煤技术——气化采煤。法国的一个地下气化研究小组利用氮—沙技术进行气化采煤，在加莱附近的上德勒煤矿试验成功，切开了2米厚的煤层，煤层深达885米。他们在采煤时，先注入高压水，接着注入含有沙的硝化泡沫。硝化泡沫中含沙是为了使切割口不被封锁。

煤炭地下气化就是将处于地下的煤炭进行有控制的燃烧，通过对煤的热作用及化学作用而产生可燃气体的过程。该过程集建井、采煤、地面气化三大工艺为一体，变传统的物理采煤为化学采煤，因而具有安全性好、投资少、效益高、污染少等优点，深受世界各国的重视，被誉为第二代采煤方法。早在1979年联合国“世界煤炭远景会议”上就明确指出，发展煤炭地下气化是世界煤炭开采的研究方向之一，是从根本上解决传统开采方法存在的一系列技术和环境问题的重要途径。

煤的生物液化

早在20世纪80年代初，就有学者报道了某些种类的真菌和细菌能利用煤炭并将其液化。最初的研究是鉴定褐煤的生物降解可能性，其科学依据在于褐煤中保存了原始的生物结构和成分，这类物质在成煤史中仅经受了低温和低压的作用，并没有发生本质上的改变。此外，前西德科学家曾进行了微生物降解无烟煤的研究，提示次生烟煤可能也适于微生物的降解。

可用于煤生物降解的微生物种类很多，通过实验已经筛选出几十种可以进行煤的生物液化的真菌和细菌，其中主要包括变色多孔菌、卧孔菌属、青霉菌、曲霉菌和假丝酵母等。

目前，煤炭的生物液化技术仍处于实验室发展阶段，还存在一些有待于解决的问题。

这种通过微生物溶出的产物只是一种水溶性的固体，虽然它具有相当高的能量，但也只能作为一种燃料而不适于作运输工具的能源，此为其一。

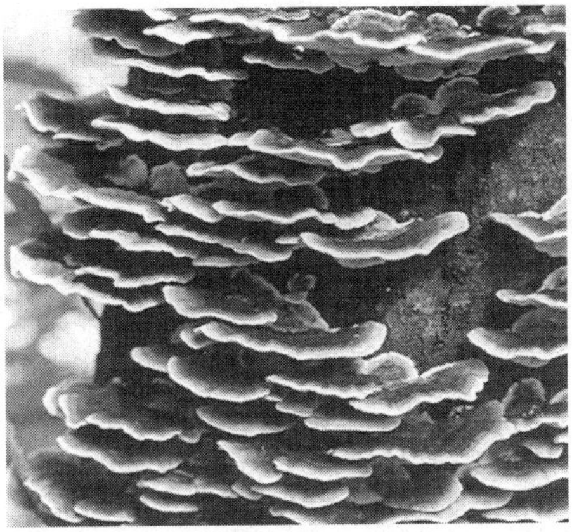
◆云芝——变色多孔菌

其次，对固体煤炭进行生物液化的微生物大多需要昂贵的含糖培养基，生长时间更是长达两个星期。因此若要达到商业性应用，必须寻找较为廉价的培养基和生长快速的微生物。

再者，若要获得较高的液化煤产量，就要求对固体煤进行化学预处理。而这种化学预处理的费用可能较高。

为了探求这类问题的解决方法，科学家们正在不断地努力。我们可以预料，随着科学技术的不断发展，新菌种的不断发现，相应菌种的联合作用以及基因工程菌的构建，煤炭液化理想的技术处理以及经济问题必将得到解决，生物液化将显示它的巨大功效。

查一查

查阅相关书籍或是上网搜寻，了解现在煤的液化的主要技术及研究进展。

广角镜——水煤浆

水煤浆是由大约70%的煤、29%的水和1%的添加剂通过物理加工得到的一种低污染、高效率、可管道输送的代油煤基流体燃料。

水煤浆的问世，源于20世纪70年代的世界石油能源危机。当时全世界在石油能源危机的经济大衰退之后，清醒地认识到石油天然气作为清洁能源，并不是取之不尽用之不竭的，丰富的煤炭依然是长期可靠的主要能源。然而，传统的燃煤方式造成严重大气污染的历史教训是不容重现的。于是煤炭液化、气化和浆化成为先进工业国家普遍重视的研究课题。水煤浆则是煤炭液化的最佳成果，也是煤炭洁净利用最廉价的实用技术。

◆多喷嘴对置式水煤浆气化炉

我国矿物能源以煤为主，在2010年，一次能源消费结构中煤占60%左右。大力发展洁煤技术，高效清洁地利用我国煤炭资源，对于促进能源与环境协调发展，满足国民经济快速稳定发展需要，具有极其重要的战略意义。

◆水煤浆气化工业装置

煤气化作为洁净煤技术的重要组成部分，具有龙头地位。它将廉价的煤炭转化成为清洁煤气，既可用于生产化工产品，如合成氨、甲醇、二甲醚等，还可用于煤的直接与间接液化、联合循环发电（IGCC）和以煤气化为基础的多联产等领域。

迄今为止，世界上已经商业化的IGCC大型电站，均采用气流床技术，最具有代表性的是以干煤粉为原料的Shell气化技术和以水煤浆为原料的Texaco气化技术。Shell气化技术即将被引进中国建于洞庭，显现其碳转化率高，冷煤气效率高的优势。相比之下，水煤浆气化技术在中国引进得早，实践时间长，研究开发工作也做得更深入。

经过多年的实践探索，中国在水煤浆气化技术方面，积累了丰富的操作、运行、管理与制造经验，气化技术日趋成熟与完善。经过长期科技攻关，在水煤浆气化领域，形成完整的气化理论体系，研究开发出拥有自主知识产权，达到国际领先水平的水煤浆气化技术。